职业教育课程改革系列教材·项目实战类

二维动画制作综合实战

从书主编　　徐　敏

主　　编　　孙晶艳　祝海英

副 主 编　　李京泽　周晓红　樊月辉

电子工业出版社

Publishing House of Electronics Industry

北京·BEIJING

内 容 简 介

本书采用工作过程导向编写模式，透彻分析动画制作的工作流程，将每个项目分解为若干个工作任务进行设计制作。本书包括 6 个综合项目，涵盖了 Flash 动画在片头动画、贺卡、电子相册、游戏、广告、课件等方面的具体应用，每个项目的情境导入、基本能力训练、拓展能力训练和思维开发训练 4 个环节彼此独立又前后呼应，可以帮助读者目标明确、逐级递进地进行学习。为了方便教师教学，本书还配有配套教学光盘和电子教学参考资料包，内容包括教学指南、电子教案及素材（电子版）。

图书在版编目（CIP）数据

二维动画制作综合实战 / 孙晶艳，祝海英主编. —北京：电子工业出版社，2011.7

职业教育课程改革系列教材. 项目实战类

ISBN 978-7-121-13797-6

Ⅰ. ①二… Ⅱ. ①孙… ②祝… Ⅲ. ①动画制作软件—中等专业学校—教材 Ⅳ. ①TP391.41

中国版本图书馆 CIP 数据核字（2011）第 110002 号

策划编辑：肖博爱

责任编辑：郝黎明　　文字编辑：裴　杰

印　　刷：三河市鑫金马印装有限公司

装　　订：

出版发行：电子工业出版社

　　　　　北京市海淀区万寿路 173 信箱　邮编　100036

开　　本：787×1 092　1/16　印张：17.25　字数：442 千字

印　　次：2011 年 7 月第 1 次印刷

印　　数：4 000 册　　定价：34.80 元（含 CD 光盘 1 张）

编写说明

职业教育进入大众化以后，教育的性质也发生了实质性变化。如果说精英教育是"寻找适合教育的孩子"，则职业教育是要"发展适合孩子的教育"。基于职业教育的特定性，其教材必须有自己的体系和特色。

编写特点

该套丛书遵循"以就业为导向、以能力为本位"的教育理念，教材编写打破学科体系对知识内容的序化，坚持"以用促学"的指导思想。全书以"任务驱动"为主线，以企业真实项目为载体，按照工作流程对知识内容进行重构和优化。教学活动以完成一个或多个具体任务为线索，把教学内容巧妙地进行设计，知识点随着实际工作的需要引入。教材内容不研究"为什么"（规律、原理……），只强调"怎么做"（技能、经验……），突出"做中学"、"学中做"。使学生在完成任务的同时掌握知识和技能，有效地达到对所学知识的建构，全书以任务的完整性取代学科知识的系统性，凸现课程的职业特色。

内容简介

该套丛书是为计算机应用技术专业四门核心课程提供的工具用书。

"二维动画制作综合实战"教材以企业真实项目或仿真项目为载体，包括电子贺卡、片头动画、电子相册、游戏、公益短片、课件等六类项目，将 Flash、Photoshop、Goldwave 等软件知识贯穿于项目之中，项目的选取注重将实用性、技能性、工程性相结合，以达到典型学习性工作任务的确定与企业动画项目开发流程的无缝对接，设计与制作完美统一。

"三维动画制作综合实战"教材以企业真实项目为载体，涉及影视片头动画、商品广告动画、宣传广告动画及室内漫游等项目。将 Photoshop、3ds Max、After Effects 等软件知识贯穿于每个项目中，以最能理解的语言、最直接的图片对比效果、最简捷的操作、最实用的项目案例重组技能结构，力求使学生用最短的时间和最快的速度掌握动画制作的技术。

"平面广告设计与制作"教材针对平面设计行业的特点，通过大量的精彩实例，详细地介绍了 Photoshop 与 Illustrator 软件进行平面设计的技术与艺术。主要介绍了产品包装、地产广告、卡通画、企业视觉识别系统、书籍封面、标志、户外卫衣和中秋节海报、DM 设计等，极具实用价值。

"网站前台设计综合实训"教材根据不同类型网站的实例，结合企业真实案例，逐步剖析和解密教育类网站、商业类网站、旅游休闲类网站、体育健身类网站等的制作方法和流程，融入Dreamweaver、Photoshop、Flash等软件的功能和技术知识点，让读者既能学习到上述软件的各种操作和功能运用，更能掌握不同类型网站的制作技巧和实战经验。

编委会组成人员

本套丛书由吉林省铭英动漫设计有限公司、长春麦之芒文化传播公司、吉林省电视台卫视频道栏目、长春海华网络有限公司提供案例及素材。由多年从事一线教学的教师及企业工程技术人员共同编写。本书由徐敏担任丛书主编；孙晶艳、祝海英担任主编；李京泽、周晓红、樊月辉担任副主编；吴艳平、郭铁颖、赵峰参与了全书的编写与校稿工作，吉林省铭英动漫设计有限公司、长春职业技术学院和电子工业出版社对本书的编写给予了极大的支持，在此一并表示衷心感谢。

为了方便教师教学，本书还配有配套教学光盘和电子教学参考资料包，内容包括教学指南、电子教案及素材（电子版）。请有此需要的教师登录华信教育资源网（www.hxedu.com.cn）免费注册后再进行下载，若有问题时，请在网站留言板留言或与电子工业出版社联系（E-mail:VE@phei.com.cn）。

由于作者水平有限，书中疏漏之处在所难免，恳请广大读者批评指正。

编　者

目　录

项目一　Flash 片头动画 ·· 1

　　基本能力训练项目——"移动飞信"片头 ·· 1

　　　　任务一：客户要求及片头动画策划方案编写 ·· 1

　　　　任务二：素材准备 ·· 2

　　　　任务三：场景设计 ··· 24

　　　　任务四：动画制作 ··· 25

　　　　任务五：音效制作 ··· 50

　　　　任务六：文件的优化及发布 ·· 51

　　拓展能力训练项目——动感地带片头 ··· 52

　　思维开发训练项目 ·· 53

项目二　贺卡 ··· 54

　　基本能力训练项目——生日贺卡 ·· 54

　　　　任务一：作品策划及剧本编写 ··· 54

　　　　任务二：角色设计 ··· 55

　　　　任务三：场景设计 ··· 58

　　　　任务四：素材准备 ··· 62

　　　　任务五：动画制作 ··· 68

　　　　任务六：文件的优化及发布 ·· 94

　　拓展能力训练项目——友谊卡 ··· 94

　　思维开发训练项目 ·· 95

项目三　Flash 电子相册 ··· 96

　　基本能力训练项目——"辰辰小屋"电子相册 ··· 96

　　　　任务一：客户需求及电子相册环节设定 ·· 96

　　　　任务二：风格设计 ··· 97

　　　　任务三：动画效果设计制作 ··· 132

　　　　任务四：动画测试及发布 ··· 147

　　拓展能力训练项目——"可爱的小姐妹"电子相册 ·· 148

　　思维开发训练项目 ··· 149

项目四　Flash 游戏 ··· 150

　　基本能力训练项目——打小兔游戏 ··· 150

　　　　任务一：客户需求及游戏环节设定 ··· 150

　　　　任务二：角色设计 ·· 152

　　　任务三：素材准备 ……………………………………………………… 153

　　　任务四：场景设计 ……………………………………………………… 168

　　　任务五：动画制作 ……………………………………………………… 172

　　　任务六：游戏测试及发布 ……………………………………………… 174

　　拓展能力训练项目——趣味找不同游戏 ………………………………… 176

　　思维开发训练项目 ………………………………………………………… 176

项目五　公益短片 ……………………………………………………………… 177

　　基本能力训练项目——Flash 公益短片奉献爱心 ……………………… 177

　　　任务一：客户需求及作品策划方案编写 ……………………………… 177

　　　任务二：素材准备 ……………………………………………………… 179

　　　任务三：场景设计 ……………………………………………………… 227

　　　任务四：主动画制作 …………………………………………………… 236

　　　任务五：设置音效及重播 ……………………………………………… 242

　　拓展能力训练项目——Flash 商业广告 ………………………………… 244

　　思维开发训练项目 ………………………………………………………… 245

项目六　Flash 课件 …………………………………………………………… 246

　　基本能力训练项目——“Flash 动画制作流程”课件 …………………… 246

　　　任务一：课件制作流程规划 …………………………………………… 246

　　　任务二：素材准备 ……………………………………………………… 247

　　　任务三：动画制作 ……………………………………………………… 252

　　　任务四：脚本编写 ……………………………………………………… 262

　　　任务五：音效制作 ……………………………………………………… 266

　　　任务六：课件测试及发布 ……………………………………………… 267

　　拓展能力训练项目——“Flash 片头动画”课件 ………………………… 267

　　思维开发训练项目 ………………………………………………………… 268

项目一 Flash 片头动画

 **情境导入**

老师：大家了解什么是 Flash 片头动画吗？

学生：知道，就是一段用来做宣传或展示的 Flash 动画吧。

学生：就是得有一定的创意和设计的 Flash 动画吧。

学生：一般都是放在网站上用来做宣传的动画。

老师：大家说的都很对，看来大家平时也都欣赏了很多 Flash 片头动画。Flash 片头就是现在比较流行的用在展示、宣传和发布等不同领域的具有一流的 Flash 创意、设计、制作完美结合，为客户带来高水准的一段动画。那在你们看过的 Flash 片头动画中，觉得它有哪些典型特点呢？

学生：色彩比较明快，很漂亮，而且一般都有动感的音乐。

学生：内容不多但比较动感，很炫，很符合我们年轻人的欣赏口味。

老师：不错，大家都很细心，总结得非常好，Flash 片头动画确实具有简练、精彩、酷炫等典型特点。说了这么多，大家想不想自己做出一个又酷又炫的 Flash 片头动画呢？

学生：当然想了。

老师：好，那我们就做好准备，一起来做自己喜欢的 Flash 片头动画吧。

基本能力训练项目——"移动飞信"片头

任务一：客户要求及片头动画策划方案编写

一、客户要求

为了更好地推广飞信业务，移动公司采取了"海陆空"三位一体的轰炸策略，除了向原有的移动用户发送短信告知飞信业务外，更加注重网络动画的运用，利用网络传播让年轻人首先熟知和认识飞信业务，无时无刻不在提醒年轻消费者的飞信时尚情节。针对年轻人的兴趣喜好和个性特点，作品要构思精巧，简洁明快，色彩鲜艳，富有变化，充满多动的元素，结合节奏欢快的背景音乐，形成动感、酷炫的效果，引起年轻人极大的好奇心，使其深入了解。对于客户来说，这个片头动画能够成为我们的品牌和理念的最佳展示。

二、片头动画策划方案编写

1．产品与市场分析

飞信是一款集商务应用和娱乐功能为一体的、基于手机应用及手机与 Internet 深度互通的即时通信产品。飞信可以通过 PC 客户端、手机客户端或 WAP 方式登录，也可用普通短信方式与各客户端上的联系人沟通。凭借中国移动的优势，飞信还提供免费短信、超低语音资费、手机与计算机之间进行文件互传等诸多强大功能，"实现永不离线、无缝沟通的状态"，这也是移动公司给飞信的定位。

目前在中国，时尚、个性、思维活跃又多变的年轻人是很多新兴产品的主要消费群体，他们兴趣广泛、休闲、喜欢社交，希望能通过手机和网络等各种方式经常保持彼此交流，同时资费最好又经济实惠。我们有理由相信，正是这群容易相互影响，乐于接受、传播新兴事物的消费群体将成为移动飞信品牌业务的主要推动力量，先将飞信产品推荐给年轻人市场，当产品的功能和名气逐渐在年轻人心中扎下了根，并且社会认知度不断提升后，通过市场自由运作，完成移动飞信品牌业务的完美营销。

2．创意风格

本创意紧紧抓住飞信业务的潜在主要消费群体——时尚年轻人的兴趣爱好和个性特点，以动感的背景音乐节奏配上色彩协调充满变换的画面，运用不同的场景切换使画面过渡自然流畅，每一场景中有不同的内容体现，动静结合、色彩绚丽、富有变化是本片头的主要特点，以此形成强烈的感官刺激，吸引年轻人的注意，达到广告效果。

任务二：素材准备

一、导入图片素材

（1）新建一个 Flash 文件，设置影片舞台尺寸为 720×576 像素，背景颜色为白色，帧频设定为 24fps，单击"确定"按钮，保存文件名为"Flash 片头.fla"，如图 1-1 所示。

图 1-1　"文档属性"对话框

（2）在"图层 1"中绘制黑色外框。选择"矩形"工具，绘制边框为白色，填充为黑色的矩形，设置其宽为 800、高为 700，效果如图 1-2 所示。

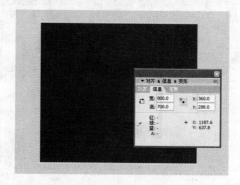

图 1-2　绘制矩形

（3）用"对齐"面板将此矩形的水平和居中中齐，注意选中白色的边框，效果如图 1-3 所示。

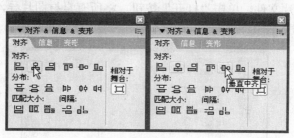

图 1-3　对齐方式

（4）双击白色边框，将选中的白色边框宽度改为"720"，高度改为"410"，然后再次使用"对齐"面板居中对齐，单击边框内的填充，按【Delete】键，效果如图 1-4 所示。这样就划分好了舞台区域。

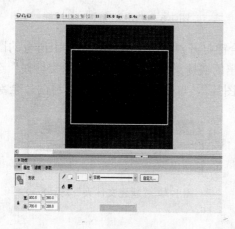

图 1-4　绘制舞台区域

（5）将"图层 1"改名为"外框"，并将其锁定，效果如图 1-5 所示。

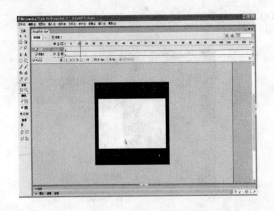

图 1-5　锁定图层

（6）执行"文件"→"导入"→"导入到库"命令，弹出"导入到库"对话框，选中素材文件夹中的全部图片文件，单击"打开"按钮，将所有素材图片导入元件库中，如图 1-6 所示。

图 1-6　"导入到库"对话框

（7）按【Ctrl+L】组合键打开"库"面板，选中其中所有的图片文件，然后在选中的图片上单击鼠标右键，在弹出的快捷菜单中选择"移至新文件夹"选项，弹出"新建文件夹"对话框，输入名称"素材图片"，单击"确定"按钮，将图片全部移入"素材图片"文件夹内，如图 1-7 所示。

图 1-7　"新建文件夹"对话框

二、制作元件素材

制作"飞信"元件

（1）按【Ctrl+F8】组合键新建元件，弹出"创建新元件"对话框，在"名称"栏输入"飞信"，"类型"选择"图形"，单击"确定"按钮，进入图形元件的编辑窗口，如图 1-8 所示。

图 1-8　"创建新元件"对话框

（2）选择"文字"工具，输入"飞信"两个字，设置文字大小为"80"，字体为"隶书"，并将"飞"设为白色，"信"设为黄色，效果如图 1-9 所示。

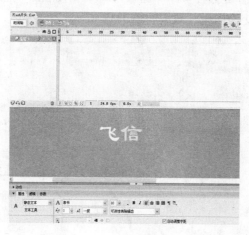

图 1-9　设置字体

（3）将"飞信"文字做两次分离效果，然后利用"选择"工具拖拉文字轮廓进行变形，删除"信"字上方的点并用一个白色的椭圆替代，利用"油漆桶"工具修改文字中部分线条的颜色，最终效果如图 1-10 所示。

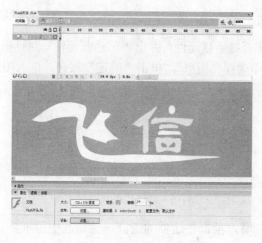

图 1-10　对文字进行变形

制作"花枝"元件

（4）按【Ctrl+F8】组合键新建元件，弹出"创建新元件"对话框，如图 1-11 所示，在"名称"栏输入"花枝","类型"选择"图形",单击"确定"按钮,进入图形元件的编辑窗口。

图 1-11　创建"花枝"元件

（5）按【Ctrl+L】组合键打开"库"面板,将"花枝.png"拖入元件的编辑窗口,并将"信息"面板的注册点设定为居中,效果如图 1-12 所示。

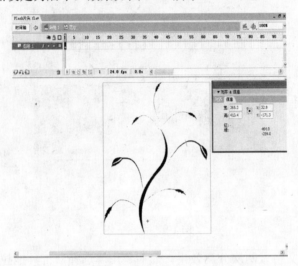

图 1-12　编辑元件

制作"渐变圆"元件

（6）按【Ctrl+F8】组合键新建元件,弹出"创建新元件"对话框,如图 1-13 所示。在名称栏输入"渐变圆",类型选择"图形",单击"确定"按钮,进入图形元件的编辑窗口。

图 1-13　创建"渐变圆"元件

（7）选择"椭圆"工具,绘制带边框的正圆,然后选中边框将其缩小,将内部的填充删除,重新填充为白色,重复此操作,最终将所有对象组合在一起,设定"信息"面板注册点为居中,效果如图 1-14 所示。

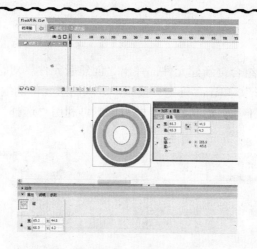

图 1-14　编辑"渐变圆"元件

制作"粉黄"元件

（8）按【Ctrl+F8】组合键新建元件，弹出"创建新元件"对话框，在"名称"栏输入"粉黄"，"类型"选择"图形"，单击"确定"按钮，进入图形元件的编辑窗口。

（9）选择"直线"工具和"椭圆"工具，绘制椭圆，如图 1-15 所示。

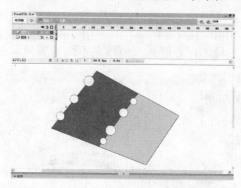

图 1-15　绘制椭圆

（10）选择"选择"工具，拖拉编辑窗口中的线条，设定"信息"面板的注册点为居中，最终效果如图 1-16 所示。

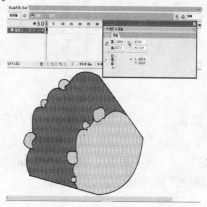

图 1-16　制作"粉黄"元件

制作"彩虹"元件

（11）按【Ctrl+F8】组合键新建元件，弹出"创建新元件"对话框，在"名称"栏输入"彩虹"，类型选择"图形"，单击"确定"按钮，进入图形元件的编辑窗口。

（12）选择"直线"工具，绘制彩虹外框初形，再利用"选择"工具拖拉直线线条，效果如图 1-17 所示。

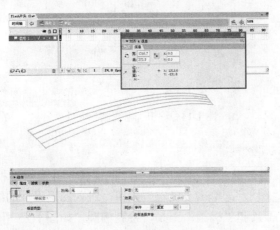

图 1-17　绘制彩虹外框

（13）选择"油漆桶"工具，在彩虹外框中填充不同的颜色，最终效果如图 1-18 所示。

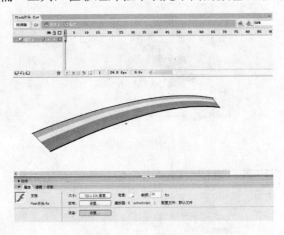

图 1-18　填充彩虹外框

制作"云朵"元件

（14）按【Ctrl+F8】组合键新建元件，弹出"创建新元件"对话框，在"名称"栏输入"云朵"，"类型"选择"图形"，单击"确定"按钮，进入图形元件的编辑窗口。

（15）按【Ctrl+L】组合键打开"库"面板，将"云朵.png"拖入元件的编辑窗口，并将"信息"面板的注册点设定为居中，效果如图 1-19 所示。

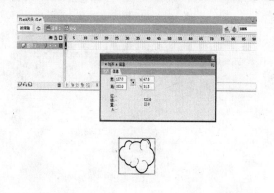

图 1-19　制作"云朵"元件

制作"汽车"元件

（16）按【Ctrl+F8】组合键新建元件，弹出"创建新元件"对话框，在"名称"栏输入"汽车"，"类型"选择"图形"，单击"确定"按钮，进入图形元件的编辑窗口。

（17）按【Ctrl+L】组合键打开"库"面板，将"汽车.png"拖入元件的编辑窗口，并将"信息"面板的注册点设定为居中，效果如图 1-20 所示。

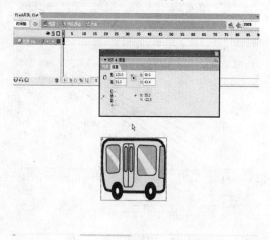

图 1-20　制作"汽车"元件

制作"卡通电视"元件

（18）按【Ctrl+F8】组合键新建元件，弹出"创建新元件"对话框，在"名称"栏输入"卡通电视 1"，"类型"选择"图形"，单击"确定"按钮，进入图形元件的编辑窗口。

（19）按【Ctrl+L】组合键打开"库"面板，将"卡通电视 1.png"拖入元件编辑窗口，并将"信息"面板的注册点设定为居中，效果如图 1-21 所示。

（20）利用相同的方法依次将"库"中的"卡通电视 2.png"～"卡通电视 13.png"拖入元件编辑窗口，并将"信息"面板注册点设定为居中，创建"卡通电视 2"～"卡通电视 13"元件。

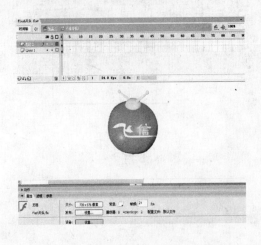

图 1-21　制作"卡通电视 1"元件

制作"五线"元件

（21）按【Ctrl+F8】组合键新建元件，弹出"创建新元件"对话框，在"名称"栏输入"五线"，"类型"选择"图形"，单击"确定"按钮，进入图形元件的编辑窗口。

（22）选择"直线"工具，绘制直线，效果如图 1-22 所示。

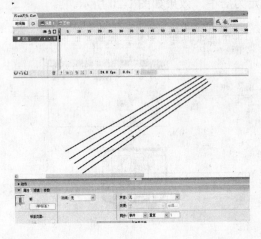

图 1-22　制作"五线"元件

制作"音乐符"元件

（23）按【Ctrl+F8】组合键新建元件，弹出"创建新元件"对话框，在"名称"栏输入"音乐符 1"，"类型"选择"图形"，单击"确定"按钮，进入图形元件的编辑窗口。

（24）按【Ctrl+L】组合键打开"库"面板，将其中 5 个不同音符图片拖入元件编辑窗口，摆放在高低不等的位置，并将"信息"面板的注册点设定为居中，效果如图 1-23 所示。

（25）利用相同的方法制作"音乐符 2"、"音乐符 3"两个元件，效果如图 1-24 所示（最好是 3 个音乐符元件中所用的 5 个音符不同）。

图 1-23　制作"音乐符 1"元件

　　　　（a）"音乐符 2"元件　　　　　　　　　　　（b）"音乐符 3"元件

图 1-24　制作其了音乐符元件

制作"彩星"元件

　　（26）按【Ctrl+F8】组合键新建元件，弹出"创建新元件"对话框，在"名称"栏输入"彩星 1"，"类型"选择"图形"，单击"确定"按钮，进入图形元件的编辑窗口。

　　（27）选择"多角星形"工具和"油漆桶"工具，绘制填充的五角星，设置为蓝色边框，填充白－蓝－浅蓝的渐变色，设定"信息"面板注册点为居中，效果如图 1-25 所示。

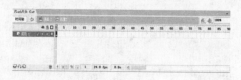

图 1-25　制作"彩星 1"元件

（28）利用相同的方法依次创建"彩星2"、"彩星3"、"蓝白星"元件，如图1-26所示。

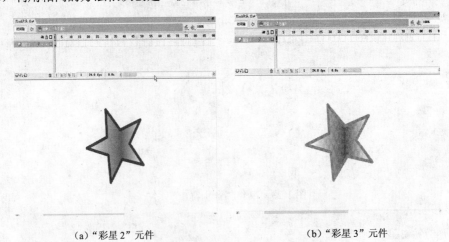

　　（a）"彩星2"元件　　　　　　　　　　　　（b）"彩星3"元件

图1-26　制作其他彩星元件

制作"舞蹈圆"元件

（29）按【Ctrl+F8】组合键新建元件，弹出"创建新元件"对话框，在"名称"栏输入"舞蹈圆"，"类型"选择"图形"，单击"确定"按钮，进入图形元件的编辑窗口。

（30）选择"椭圆"工具，绘制黑色边框，淡黄色填充的圆，缩小黑色边框，删除其中的填充色，重新填充为淡绿色，依次进行操作，最后删除黑色边框，设定"信息"面板注册点为居中，效果如图1-27所示。

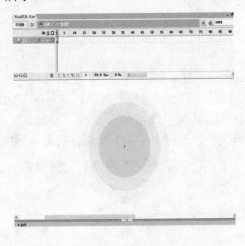

图1-27　制作"舞蹈圆"元件

制作"彩虹2"元件

（31）按【Ctrl+F8】组合键新建元件，弹出"创建新元件"对话框，在"名称"栏中输入"彩虹2"，"类型"选择"图形"，单击"确定"按钮，进入图形元件的编辑窗口。

（32）选择"椭圆"工具绘制同心椭圆，利用"变形"工具进行变形，效果如图1-28所示。

（33）选择"油漆桶"工具，为同心椭圆线框填充不同的颜色，效果如图 1-29 所示。

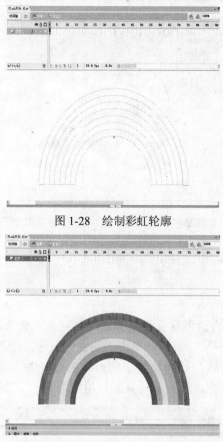

图 1-28　绘制彩虹轮廓

图 1-29　填充颜色

制作"彩色半圆"元件

（34）按【Ctrl+F8】组合键新建元件，弹出"创建新元件"对话框，在"名称"栏中输入"彩色半圆"，"类型"选择"图形"，单击"确定"按钮，进入图形元件的编辑窗口。

（35）选择"椭圆"工具，绘制白色边框、填充为橙色的椭圆，删除一半保留其上半部分，效果如图 1-30 所示。

图 1-30　制作半圆

（36）新建图层，复制多个半圆，并修改半圆的颜色，效果如图 1-31 所示。

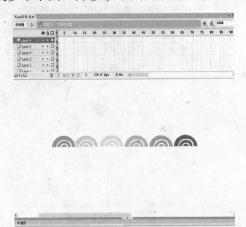

图 1-31   制作出多个半圆

制作"黄色旋转"元件

（37）按【Ctrl+F8】组合键新建元件，弹出"创建新元件"对话框，在"名称"栏中输入"黄色旋转"，"类型"选择"图形"，单击"确定"按钮，进入图形元件的编辑窗口。

（38）选择"直线"工具，绘制旋转中的一个叶片，将其填充为黄色，然后删除边框线，将中心点对正到叶片下方，进行旋转复制，角度为 36°，效果如图 1-32 所示。

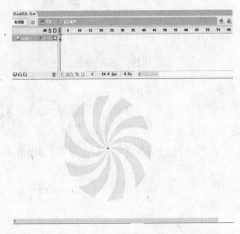

图 1-32   制作"黄色旋转"元件

制作"白色流线"元件

（39）按【Ctrl+F8】组合键新建元件，弹出"创建新元件"对话框，在"名称"栏中输入"白色流线"，"类型"选择"影片剪辑"，单击"确定"按钮，进入影片元件的编辑窗口（因为要画白色线，所以先将背景色改为黑色，完成后再改回白色）。

（40）选择"钢笔"工具，绘制曲线，线的起点与编辑模式的中心重合，效果如图 1-33 所示。

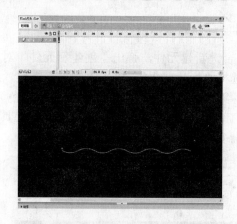

图 1-33　制作"白色流线"元件

制作"白色渐变矩形"元件

（41）按【Ctrl+F8】组合键新建元件，弹出"创建新元件"对话框，在"名称"栏中输入"白色渐变矩形"，"类型"选择"图形"，单击"确定"按钮，进入图形元件的编辑窗口。

（42）打开调色板，填充白色（100%）至白色（0%）的渐变色，效果如图 1-34 所示。

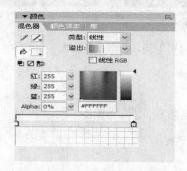

图 1-34　设置渐变色

（43）选择"矩形"工具绘制矩形，设置宽度为线长的 1/3，高度以完全遮盖住曲线为准，效果如图 1-35 所示。

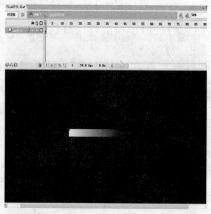

图 1-35　制作"白色渐变矩形"元件

制作"白色飞线"元件

（44）按【Ctrl+F8】组合键新建元件，弹出"创建新元件"对话框，在"名称"栏中输入"白色飞线"，"类型"选择"影片剪辑"，单击"确定"按钮，进入影片元件的编辑窗口（因为要画白色线，所以先将背景色改为黑色，完成后再改回白色）。

（45）选择"钢笔"工具，绘制曲线，利用"选择"工具拖拉变形，并填充白色（100%）至白色（0%）的渐变色，效果如图 1-36 所示。

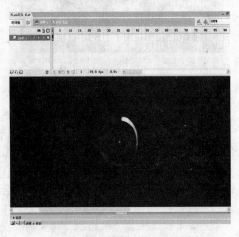

图 1-36　制作"白色飞线"元件

制作"蝴蝶飞舞"元件

（46）按【Ctrl+F8】组合键新建元件，弹出"创建新元件"对话框，如图 1-37 所示。在"名称"栏中输入"蝴蝶飞舞"，"类型"选择"影片剪辑"，单击"确定"按钮，进入影片元件的编辑窗口。

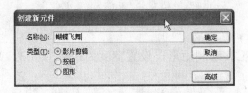

图 1-37　"创建新元件"对话框

（47）按【Ctrl+L】组合键打开"库"面板，将"蝴蝶 1.png"～"蝴蝶 9.png"九个不同状态的蝴蝶图片拖入元件编辑窗口，按图片名称顺序分别放置在第 1～9 帧的关键帧上并使其对齐，然后在第 10 帧插入普通帧，效果如图 1-38 所示。

制作"飞线旋转"元件

（48）按【Ctrl+F8】组合键新建元件，弹出"创建新元件"对话框，在"名称"栏中输入"飞线旋转"，"类型"选择"影片剪辑"，单击"确定"按钮，进入影片元件的编辑窗口。

（49）按【Ctrl+L】组合键打开"库"面板，将"白色飞线"元件拖放到"图层 1"的第 1 帧关键帧上，选中元件，打开"滤镜"面板（"属性"面板右边），单击变蓝的"+"号，在弹出的列表中选择"发光"，设置光颜色为蓝色（#00CCFF），模糊 X 的值为 29，模糊 Y 的值为 29，强度为 209%，品质为高，效果如图 1-39 所示。

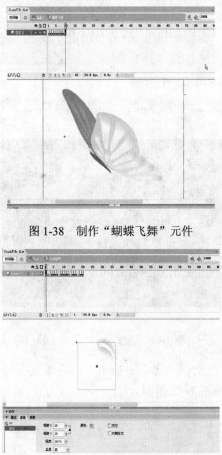

图 1-38　制作"蝴蝶飞舞"元件

图 1-39　设置发光滤镜

（50）按【F6】键依次在第 2～16 帧插入关键帧，除第 16 帧和第 1 帧保持相同状态外，其他各帧依次相对上一帧逆时针旋转 20°左右，效果如图 1-40 所示（可以保持每两帧间旋转角度相同，也可以略有差别）。

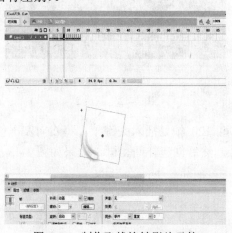

图 1-40　制作飞线旋转影片元件

制作"流线"元件

（51）按【Ctrl+F8】组合键新建元件，弹出"创建新元件"对话框，在"名称"栏中输入"流线1"，"类型"选择"影片剪辑"，单击"确定"按钮，进入影片元件的编辑窗口。

（52）按【Ctrl+L】组合键打开"库"面板，将"白色流线"元件拖入影片编辑窗口"图层1"的第1帧处，效果如图1-14所示。

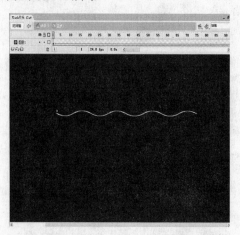

图1-41   "图层1"的第1帧

（53）新建"图层 2"，再次从"库"中拖出"白色流线"元件，使两条线大致重合在一起（不用完全重合），效果如图1-42所示。

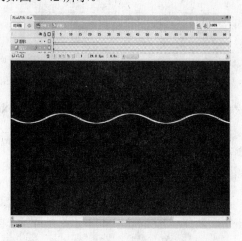

图1-42   图层2

（54）在"图层 1"的第120帧处插入关键帧，将线向左平移，距离约为线长的1/2并保持与"图层1"的线重合，然后创建补间动画，效果如图1-43所示。

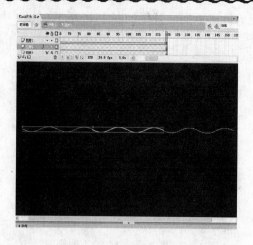

图 1-43 创建补间动画

（55）右键单击"图层 1"，在弹出的快捷菜单中选择"遮罩层"选项，完成遮罩，效果如图 1-44 所示。

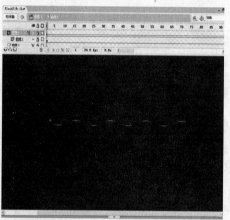

图 1-44 遮罩效果

（56）新建"图层 3"，按【Ctrl+L】组合键打开"库"面板，将"白色渐变矩形"元件从"库"中拖放到"图层 3"的第 1 帧的关键帧处，效果如图 1-45 所示。

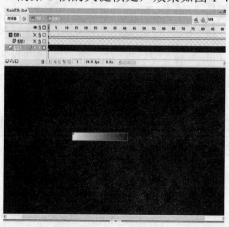

图 1-45 图层 3

（57）将"图层 3"设为被遮罩层，效果如图 1-46 所示。

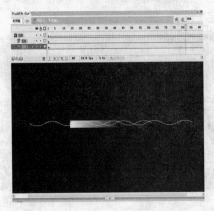

图 1-46 将"图层 3"设为被遮罩层

（58）右键单击"库"中的"流线 1"元件，选择"直接复制"命令，复制出"流线 2"元件。双击"流线 2"元件，进入其编辑模式，将时间轴上 3 个层的末帧（120）拖回第 60帧处，效果如图 1-47 所示。

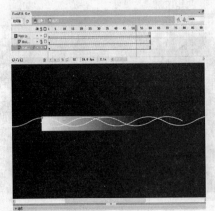

图 1-47 设置时间轴

（59）按照相同的做法完成"流线 3"元件的制作，将"流线 3"元件时间轴上 3 个层的末帧拖回第 90 帧处，效果如图 1-48 所示。

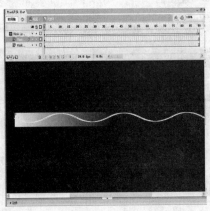

图 1-48 "流线 3"元件时间轴的设置

（60）按【Ctrl+F8】组合键新建元件，弹出"创建新元件"对话框，如图 1-49 所示，在"名称"栏中输入"流线"，"类型"选择"影片剪辑"，单击"确定"按钮，进入影片元件的编辑窗口。

图 1-49　"创建新元件"对话框

（61）在"流线"元件中制作线条发光流动的效果。随机拖出元件"流线 1"、"流线 2"、"流线 3"，将起点对齐，此时舞台上线条的总数为 11，单击第 1 帧，将帧中所有线条选中，打开"滤镜"面板，单击变蓝的"+"号，在弹出的列表中选择"发光"，设置光颜色为白色—绿色（#00FF00），模糊 X 的值为 11，模糊 Y 的值为 11，强度为 490%，品质为高，角度为 0，距离为 0，类型为外侧。制作完毕后的效果如图 1-50 所示。

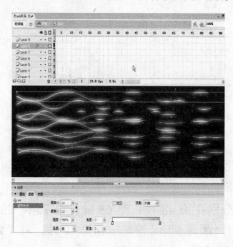

图 1-50　线条发光流动效果

制作"跳舞的人"元件

（62）按【Ctrl+F8】组合键新建元件，弹出"创建新元件"对话框，在"名称"栏中输入"跳舞的人"，"类型"选择"影片剪辑"，单击"确定"按钮，进入影片元件的编辑窗口。

（63）按【Ctrl+L】组合键打开"库"面板，将"舞蹈圆"元件拖放到"图层 1"第 1 帧的关键帧上，并在第 3 帧、第 5 帧、第 8 帧处插入关键帧，然后分别将这 4 个关键帧上的元件进行变形，每一个关键帧都较前一个关键帧依次放大一，效果如图 1-51 所示。

（64）新建"图层 2"，在第 9 帧插入关键帧，按【Ctrl+L】组合键打开"库"面板，将"跳舞 1"元件拖入编辑窗口，然后在第 30 帧插入关键帧，删除"跳舞 1"元件，将"跳舞 2"元件拖放到此关键帧上，创建补间动画，效果如图 1-52 所示。

图 1-51　设置关键帧

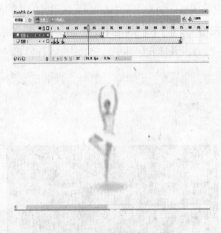

图 1-52　创建补间动画

（65）按照相同的做法分别在第 48 帧、第 68 帧、第 75 帧处插入关键帧，按【Ctrl+L】组合键打开"库"面板，将"跳舞 3"元件拖放到第 48 帧，将"跳舞 1"元件分别拖放到第 68 帧和第 75 帧处，创建补间动画，效果如图 1-53 所示。

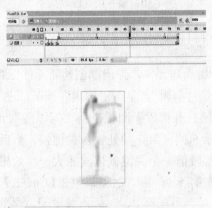

图 1-53　创建补间动画

制作"汽车运动"元件

（66）按【Ctrl+F8】组合键新建元件，弹出"创建新元件"对话框，在"名称"栏中输入"汽车运动"，"类型"选择"影片剪辑"，单击"确定"按钮，进入影片元件的编辑窗口。

（67）按【Ctrl+L】组合键打开"库"面板，将"汽车"元件拖放到"图层 1"第 1 帧的关键帧处，在第 2 帧、第 3 帧处插入关键帧，然后将第 3 帧的"汽车"元件稍微向上移动，在第 4 帧插入普通帧，效果如图 1-54 所示。

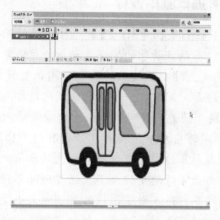

图 1-54　制作"汽车运动"元件

制作"晃动的圆"元件

（68）按【Ctrl+F8】组合键新建元件，弹出"创建新元件"对话框，在"名称"栏中输入"晃动的圆"，"类型"选择"影片剪辑"，单击"确定"按钮，进入影片元件的编辑窗口。

（69）按【Ctrl+L】组合键打开"库"面板，将"彩色半圆"元件拖放到"图层 1"第 1 帧的关键帧处，然后分别在第 19 帧、第 33 帧、第 38 帧、第 43 帧处插入关键帧，将第 19 帧关键帧的"彩色半圆"元件向右侧移动一段距离，再向上移动，将第 33 帧关键帧的"彩色半圆"元件向右侧移动一段距离，将第 38 帧关键帧的"彩色半圆"元件向左侧移动一段距离，再向下移动，将第 43 帧关键帧的"彩色半圆"元件向左侧移动一段距离，效果如图 1-55 所示。

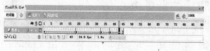

图 1-55　制作"晃动的圆"元件

制作其他图形元件

（70）参照上述方法，自行制作其他所用的简单图形元件。

任务三：场景设计

一、《移动飞信片头》场景脚本设计

SC1：一棵黑色花枝从下往上生长开来，随着花枝生长的结束，它逐渐变为富有生机的绿色并开出 4 朵小花，此时，有两只黄色的蝴蝶舞动着翅膀沿着一定的轨迹从屏幕右侧一起向花枝飞来，当蝴蝶飞到花枝上时在花枝上的两个不同位置停靠下来并继续不停地舞动翅膀，此时 4 朵小花纷纷落向地面，同时，一个彩色的圆向外渐渐变大并消失。

SC2：场景画面自然切换，随着一条彩虹从左上角慢慢进入，一堆蓝边白色的星星在彩虹上闪动并定格在彩虹上，同时在左下角和右侧分别有两个由蓝色圆组成的对象在跳跃闪动，最后停在画面上，这时在屏幕的中间出现一朵白色的云朵，云朵不断变大变小，并在它的左侧和右上方也出现两朵白云不停地变化大小，经过一阵不停变换后，由下至上从中间白云的后方出现一辆黄色的小汽车，汽车做了简短的跳跃和大小变化后，和三朵白云一起向左侧飞去，最后飞出画面，两侧的蓝色圆也随着一起向左侧飞出画面。

SC3：场景画面自然切换，绿色的背景，由右下角飞进一个粉、黄、白相间的对象，遮住绿色的背景，仅留出左上角一点绿色，此时，从屏幕左上角飞进一个黑色的五条线，屏幕上方飞进一个白色的带"飞信"字样的卡通电视，五条黑线上开始出现一些音符在不停地跳跃，同时，在屏幕下方有一个黑色的剪影在不间断地运动，卡通电视按照一定的轨迹运动并不断改变其外观状态，随着音符的静止，屏幕下方出现两簇彩色的心形伴着卡通电视一起在跳跃变化，当它们的跳跃都静止时，从左上角慢慢出现不规则的白色喷溅对象，一步步地掩盖画面。

SC4：场景画面自然切换，部分彩色的线条在画面上旋转变化，有一个骑着扫把的人物从左下角慢慢飞了进来并沿着一定的轨迹向右上角飞去，在她飞过的过程中，其上方有一个不规则闪电形状的物体在做不停地变化，当骑着扫把的人物飞出屏幕，画面上开始布满绿色发光的闪动线条，并有一个渐变色的椭圆慢慢变大，此时在椭圆上出现一个跳舞的女孩，随着女孩结束舞蹈，画面中的物体一起跟着消失。

SC5：场景画面自然切换，一个黄色的螺旋状对象在不停地旋转，随着旋转的消失，屏幕下方出现三行彩色渐变圆做着位置变换运动，有一条彩虹慢慢出现在渐变圆的上方，在彩虹的上面跳跃出现"飞越无限，信步天下"字样，同时有几颗闪动的彩色星星在彩虹上面出现，渐变圆还在晃动，其他对象静止在屏幕上，画面定格在这个最终状态上。

二、片头场景界面

片头场景界面如图 1-56 所示。

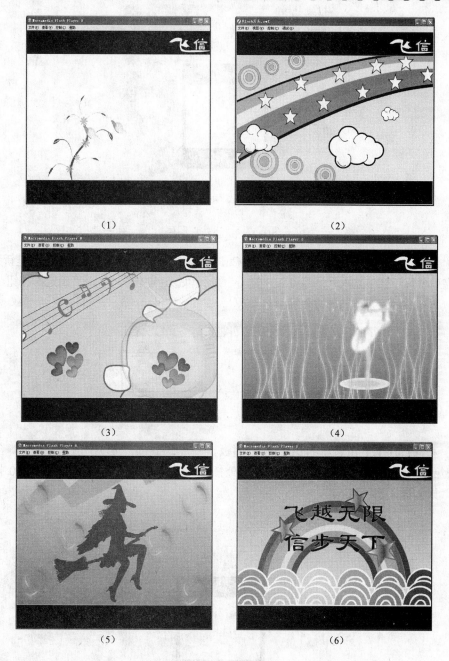

图 1-56　片头场景界面

任务四：动画制作

一、画面（1）中动画制作

（1）制作画面（1）中的动画。将"图层 1"更名为"飞信"，按【Ctrl+L】组合键打开"库"面板，首先将"飞信"元件拖放到舞台上"飞信"图层第 1 帧关键帧的右上角处，然后在第 700 帧插入普通帧，效果如图 1-57 所示。

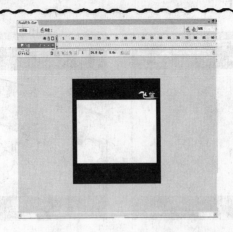

图1-57 "飞信"图层

（2）新建图层，更名为"场景1"，按【Ctrl+F8】组合键新建元件，弹出"创建新元件"对话框，在"名称"栏中输入"场景1"，"类型"选择"影片剪辑"，单击"确定"按钮，如图1-58所示。

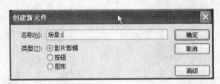

图1-58 创建"场景1"元件

（3）按【Ctrl+L】组合键打开"库"面板，将"场景 1"影片元件拖放到舞台"场景1"图层第1帧的关键帧处，并在第180帧处插入关键帧，然后删除帧，在第700帧插入普通帧，效果如图1-59所示。

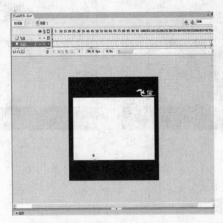

图1-59 设置帧

（4）双击舞台上的"场景 1"元件，进入影片编辑窗口，按【Ctrl+L】组合键打开"库"面板，将"花枝"元件拖放到"图层1"第1帧的关键帧处，并将其缩小元件（具体参照舞台大小），效果如图1-60所示。

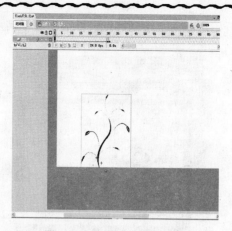

图 1-60 编辑"花枝"元件

（5）在"图层 1"的第 30 帧处插入关键帧，并将"花枝"元件放大，单击元件，打开"属性"面板，将 Alpha 值调整为 14%，效果如图 1-61 所示。

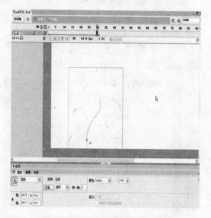

图 1-61 调整 Alpha 值

（6）在第 31 帧处插入关键帧，在第 180 帧处插入普通帧。新建"图层 2"，在第 1 帧的关键帧处利用"笔刷"工具（或"无边框椭圆"工具）绘制一个小椭圆，大小以刚好覆盖住花枝枝干宽度为准，效果如图 1-62 所示。

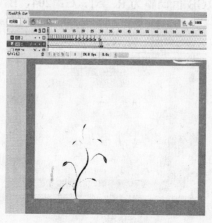

图 1-62 绘制小椭圆

（7）继续从树的根部开始逐帧向上绘制椭圆，然后再逐帧向两侧的枝干绘制，效果如图 1-63 所示。

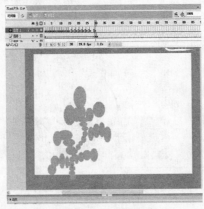

图 1-63 绘制小树

（8）右键单击"图层 2"，在弹出的小快捷菜单中选择"遮罩层"选项，制作出花枝慢慢长大的效果，并在"图层 2"的第 180 帧处插入普通帧，效果如图 1-64 所示。

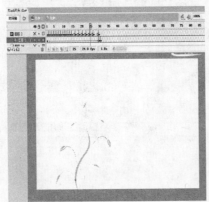

图 1-64 设置"图层 2"

（9）新建"图层 3"，在第 30 帧处插入关键帧，将"图层 1"的第 30 帧复制并粘贴到此关键帧处，在第 45 帧处插入关键帧，单击"花枝"元件，打开其"属性"面板，选择"颜色"列表中的"色调"，将 RGB 值调整为 R：51，G：204，B：51，色彩数量为 43%，如图 1-65 所示。

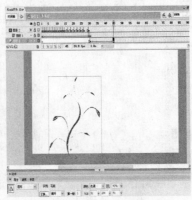

图 1-65 调整颜色

（10）新建"图层 4"，在第 45 帧处插入关键帧，按【Ctrl+L】组合键打开"库"面板，将"蝴蝶飞舞"元件拖放到第 45 帧，并移动到屏幕右侧外，为"图层 4"创建引导层，在第 45 帧处插入关键帧，利用"铅笔"工具绘制引导线，打开贴紧至对象功能，将第 45 帧的"蝴蝶飞舞"元件对准到引导线的开始处，效果如图 1-66 所示。

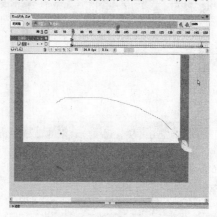

图 1-66　绘制引导线

（11）在"图层 4"的第 149 帧处插入关键帧，并将"蝴蝶飞舞"元件对准到引导线的终点处，创建补间动画，效果如图 1-67 所示。

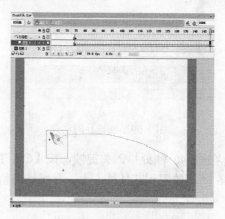

图 1-67　创建补间动画

（12）新建"图层 5"，在第 45 帧处插入关键帧，按【Ctrl+L】组合键打开"库"面板，将"蝴蝶飞舞"元件拖放到第 45 帧，并移动到屏幕右侧外，为"图层 5"创建引导层，在第 45 帧处插入关键帧，利用"铅笔"工具绘制引导线，打开贴紧至对象功能，将第 45 帧的"蝴蝶飞舞"元件对准到引导线的开始处，效果如图 1-68 所示。

（13）在"图层 5"的第 149 帧处插入关键帧，并将"蝴蝶飞舞"元件对准到引导线的终点处，创建补间动画，效果如图 1-69 所示。

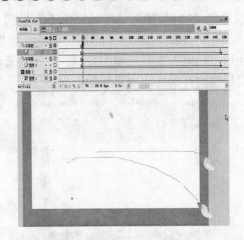

图 1-68　将"蝴蝶飞舞"元件对准到引导线的开始处

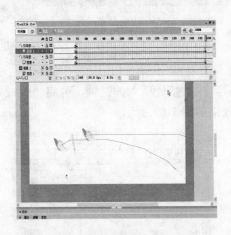

图 1-69　创建补间动画

（14）新建"图层 6"，在第 46 帧处插入关键帧，按【Ctrl+L】组合键打开"库"面板，将"花瓣"元件拖放到第 46 帧，放置到花枝枝干上，并将其调整为极小的状态，效果如图 1-70 所示。

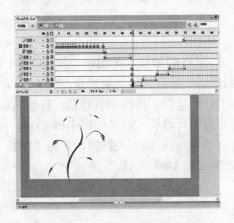

图 1-70　编辑"花瓣"元件

（15）在第 51 帧处插入关键帧，调整花瓣大小，创建补间动画，效果如图 1-71 所示。

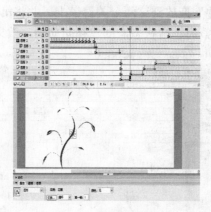

图 1-71 创建补间动画

（16）新建"图层 7"，分别在第 52 帧和第 59 帧处插入关键帧，按【Ctrl+L】组合键打开"库"面板，将"花瓣元件"拖放到这两个关键帧上，并将第 52 帧的花瓣调整为极小的状态，将第 59 帧的花瓣率调整为正常状态，创建补间动画，效果如图 1-72 所示。

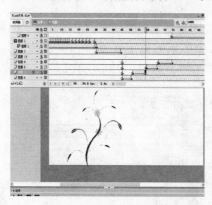

图 1-72 创建补间动画

（17）新建"图层 8"，分别在第 60 帧和第 66 帧插入关键帧，按【Ctrl+L】组合键打开"库"面板，将"花瓣元件"拖放到这两个关键帧上，并将第 60 帧的花瓣率调整为极小的状态，将第 66 帧的花瓣率调整为正常状态，创建补间动画，效果如图 1-73 所示。

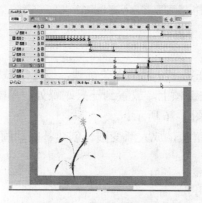

图 1-73 创建补间动画

（18）新建"图层 9"，分别在第 67 帧和第 75 帧处插入关键帧，按【Ctrl+L】组合键打开"库"面板，将"花瓣元件"拖放到这两个关键帧上，并将第 67 帧的花瓣率调整为极小的状态，将第 75 帧的花瓣调整为正常状态，创建补间动画，效果如图 1-74 所示。

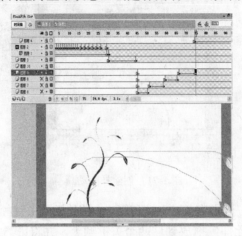

图 1-74　创建补间动画

（19）分别在"图层 9"、"图层 8"、"图层 7"、"图层 6"的第 149 帧、151 帧、153 帧、155 帧插入关键帧，同时在 4 个图层的第 170 帧插入关键帧，并将此关键帧上的所有花瓣向下移出屏幕外，创建补间动画，效果如图 1-75 所示。

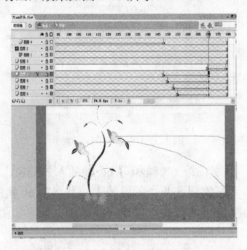

图 1-75　创建补间动画

（20）新建"图层 10"，在第 170 帧插入关键帧，按【Ctrl+L】组合键打开"库"面板，将"渐变圆"元件拖放到此关键帧上，放置到一只蝴蝶处，单击元件打开其"属性"面板，调整 Alpha 值为 0%，效果如图 1-76 所示。

（21）在第 180 帧插入关键帧，放大渐变圆，创建补间动画，效果如图 1-77 所示。

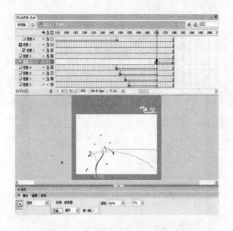

图 1-76 设置元件属性

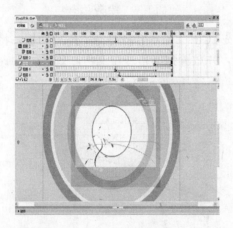

图 1-77 创建补间动画

二、画面（2）中动画的制作

（1）新建图层，更名为"场景 2"，按【Ctrl+F8】组合键新建元件，弹出"创建新元件"对话框，如图 1-78 所示，在"名称"栏中输入"场景 2"，"类型"选择"影片剪辑"，单击"确定"按钮。

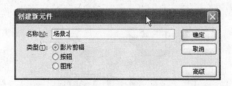

图 1-78 "创建新元件"对话框

（2）按【Ctrl+L】组合键打开"库"面板，在第 180 帧插入关键帧，将"场景 2"影片元件拖放到此关键帧处，并在第 292 帧插入关键帧，然后删除帧，在第 700 帧插入普通帧。

（3）双击舞台上的"场景 2"元件，进入影片编辑窗口，选择"矩形"工具并设置为无边框，绘制舞台大小的矩形，填充浅黄—浅黄绿的渐变色，在第 110 帧插入普通帧，效果如

图 1-79 所示。

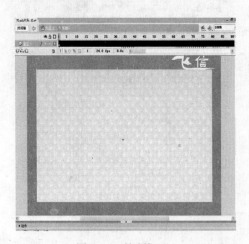

图 1-79　绘制矩形

（4）新建"图层 2"，按【Ctrl+L】组合键打开"库"面板，将"彩虹"元件拖放到"图层 2"的第 1 帧的关键帧处，并放置到屏幕外左上角，效果如图 1-80 所示。

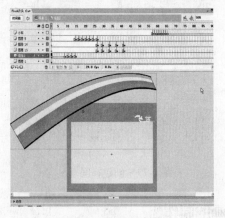

图 1-80　"彩虹"元件

（5）在第 9 帧处插入关键帧，并将"彩虹"元件移动到屏幕中指定的位置，效果如图 1-81 所示。

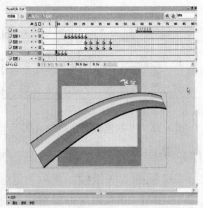

图 1-81　调整"彩虹"元件的位置

（6）分别在第 11 帧、第 13 帧、第 15 帧处插入关键帧，将第 11 帧、第 15 帧两处关键帧上的"彩虹"元件向上移动一小段距离，效果如图 1-82 所示。

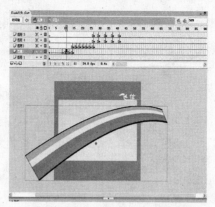

图 1-82　调整"彩虹"元件的位置

（7）新建"图层 3"，在第 15 帧处插入关键帧，按【Ctrl+L】组合键打开"库"面板，将"蓝白星星"元件拖入并放到此关键帧，复制多个，效果如图 1-83 所示。

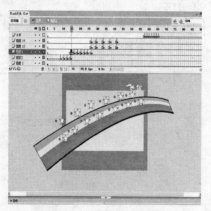

图 1-83　创建星星效果

（8）分别在第 17 帧、第 19 帧、第 21 帧、第 23 帧、第 25 帧、第 27 帧处插入关键帧，对除了第 27 帧外的关键帧执行删除操作，每个关键帧上删除不同位置的"蓝白星星"元件，形成星星闪动的效果，如图 1-84 所示。

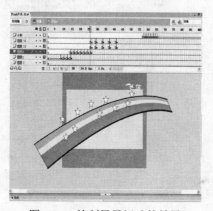

图 1-84　绘制星星闪动的效果

（9）新建"图层4"，在第27帧处插入关键帧，按【Ctrl+L】组合键打开"库"面板，将"圆圈1"元件拖入放到舞台下方，复制多个，调整为不同的大小，效果如图1-85所示。

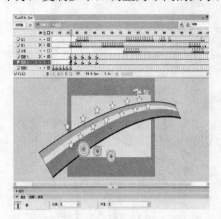

图1-85　圆圈效果

（10）分别在第30帧、第34帧、第38帧、第42帧处插入关键帧，将第30帧、第38帧处的圆圈缩小，效果如图1-86所示。

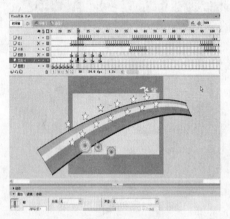

图1-86　调整圆圈的大小

（11）新建"图层5"，利用相同的方法制作另外一个圆圈变动的效果，效果如图1-87所示。

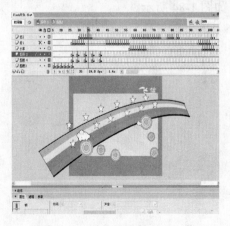

图1-87　另外一个圆圈变动的效果

（12）新建"图层 6"，更名为"云 1"，在第 27 帧插入关键帧，按【Ctrl+L】组合键打开"库"面板，将"云朵"元件拖放到此处，并逐帧插入关键帧直到第 33 帧，依次改变中间各关键帧中云朵的大小，形成云朵动态变化的效果，效果如图 1-88 所示。

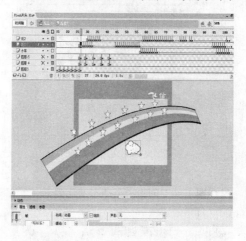

图 1-88　云朵动态变化的效果

（13）依次逐帧插入关键帧直到第 103 帧，并调整云朵的大小，利用补间动画创建一段停留不变化的状态，并将最后几个关键帧中的云朵移出舞台外，效果如图 1-89 所示。

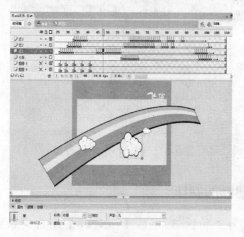

图 1-89　创建云朵补间动画

（14）新建"图层 7"、"图层 8"并分别更名为"云 2"、"云 3"，按照相同的方法依次逐帧插入关键帧直到第 102 帧、第 100 帧处，调整云朵的大小，形成云朵动态变化的效果，并将最后几个关键帧中的云朵移出舞台外，效果如图 1-90 所示。

（15）新建"图层 9"并更名为"小车"，在第 58 帧插入关键帧，按【Ctrl+L】组合键打开"库"面板，将"汽车运动"元件拖入到此帧，依次逐帧插入关键帧直到第 105 帧处，并将最后几个关键帧中的小车移出舞台外，效果如图 1-91 所示。

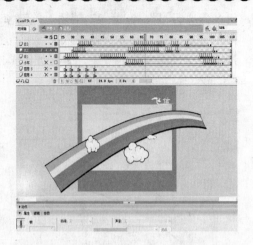

图 1-90　创建云朵动态变化效果

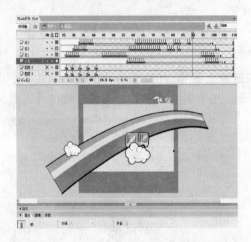

图 1-91　创建小车动画效果

三、画面（3）中动画的制作

（1）新建图层，更名为"场景 3"，按【Ctrl+F8】组合键新建元件，弹出"创建新元件"对话框，如图 1-92 所示，在"名称"栏中输入"场景 3"，"类型"选择"影片剪辑"，单击"确定"按钮。

图 1-92　"创建新元件"对话框

（2）按【Ctrl+L】组合键打开"库"面板，在第 292 帧插入关键帧，将"场景 3"影片元件拖放到此关键帧处，并在第 394 帧插入关键帧，然后删除帧，在第 700 帧插入普通帧。

（3）双击舞台上的"场景 3"元件，进入影片编辑窗口，在"图层 1：中，选择"矩形"工具并设置为无边框，绘制舞台大小的矩形，填充为浅绿色，在第 100 帧插入普通帧，效果如图 1-93 所示。

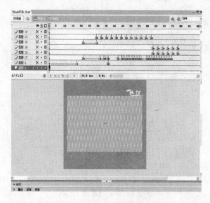

图 1-93　绘制矩形

（4）新建"图层 2"，按【Ctrl+L】组合键打开"库"面板，将"粉黄"元件拖入到第 1 帧的关键帧处，并将元件放在舞台外右下角，效果如图 1-94 所示。

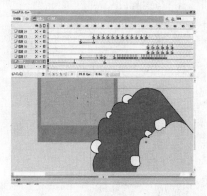

图 1-94　将元件放在舞台外右下角

（5）在第 18 帧处插入关键帧，移动"粉黄"元件到舞台中央，创建补间动画，效果如图 1-95 所示。

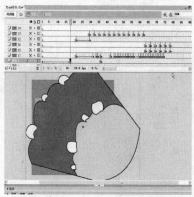

图 1-95　创建补间动画

（6）在第 37 帧处插入关键帧，单击元件打开其"属性"面板，在"颜色"列表中选择
"色调"，设置为白色（R：255，G：255，B：255），色彩数量为 34%，效果如图 1-96 所示。

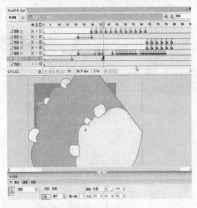

图 1-96　设置色调

（7）新建"图层 3"，更名为"卡通电视"，在第 22 帧插入关键帧，按【Ctrl+L】组合键
打开"库"面板，将"卡通电视 1"元件拖放到此帧，放置到舞台右上方，在第 32 帧处插
入关键帧，使元件垂直落入舞台下方，创建补间动画，效果如图 1-97 所示。

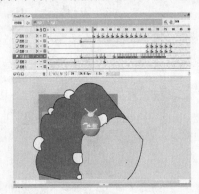

图 1-97　创建卡通电视的补间动画

（8）依次逐帧插入关键帧直到第 75 帧，在前几帧使电视上下移动形成跳动的效果，在
之后的关键帧上依次从"库"中拖入"卡通电视 2"～"卡通电视 13"元件，并调整各关键
帧上元件的位置和大小，使其按照一定的轨迹运动，效果如图 1-98 所示。

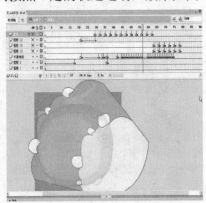

图 1-98　创建卡通电视的动画效果

（9）新建"图层 4"，在第 22 帧插入关键帧，按【Ctrl+L】组合键打开"库"面板，将五线元件拖放到此帧，放置在舞台外左上角，在第 30 帧处插入关键帧，将"五线"元件移动到舞台中，创建补间动画，效果如图 1-99 所示。

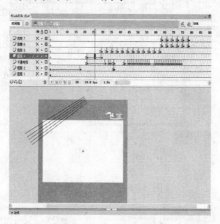

图 1-99　创建五线元件的补间动画

（10）新建"图层 5"，在第 30 帧插入关键帧，按【Ctrl+L】组合键打开"库"面板，将"音乐符 1"元件拖放到此帧，单击元件打开其"属性"面板，选择"颜色"列表中的"色调"，将 RGB 值调整为 R：204，G：51，B：102，色彩数量为 65%，效果如图 1-100 所示。

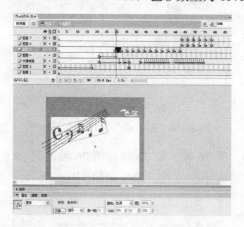

图 1-100　设置"音乐符 1"元件的色调

（11）依次在第 33 帧、第 36 帧、第 39 帧、第 42 帧、第 45 帧、第 48 帧、第 51 帧、第 54 帧、第 57 帧、第 60 帧、第 63 帧处插入关键帧，分别将"音乐符 2"、"音乐符 3"元件每隔两个关键帧替换一个"音乐符 1"元件，并修改"属性"面板中的属性，效果如图 1-101 所示。

（12）新建"图层 6"、"图层 7"，在第 64 帧插入关键帧，按【Ctrl+L】组合键打开"库"面板，将"心"元件分别拖入到两个图层的此帧处，并放到舞台中，效果如图 1-102 所示。

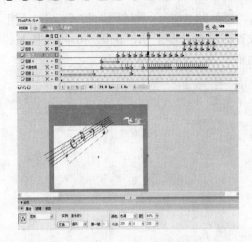

图 1-101 创建关键帧

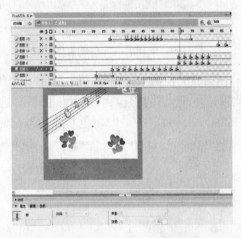

图 1-102 将"心"元件放入舞台中

（13）依次在第 67 帧、第 70 帧、第 73 帧、第 76 帧、第 79 帧处插入关键帧，分别调整各关键帧上的"心"元件的大小和位置，效果如图 1-103 所示。

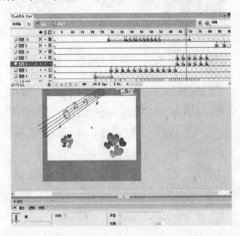

图 1-103 调整"心"元件的大小和位置

（14）新建"图层 8"，在第 84 帧处插入关键帧，按【Ctrl+L】组合键打开"库"面板，将"擦除"元件拖入到此帧处并放到舞台的左上角，效果如图 1-104 所示。

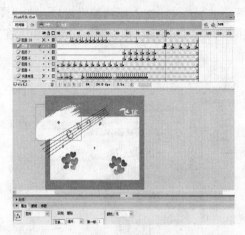

图 1-104　将"擦除"元件放入舞台的左上角

（15）依次在第 88 帧、第 92 帧、第 96 帧、第 100 帧处插入关键帧，调整"擦除"元件的位置、大小和方向，效果如图 1-105 所示。

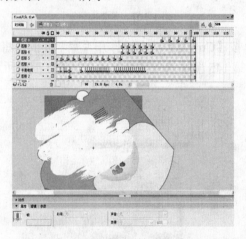

图 1-105　调整"擦除"元件

四、画面（4）中动画的制作

（1）新建图层，更名为"场景 4"，按【Ctrl+F8】组合键新建元件，弹出"创建新元件"对话框，如图 1-106 所示，在"名称"栏中输入"场景 4"，"类型"选择"影片剪辑"，单击"确定"按钮。

图 1-106　"创建新元件"对话框

（2）按【Ctrl+L】组合键打开"库"面板，在第 394 帧插入关键帧，将"场景 4"影片元件拖放到此关键帧处，并在第 540 帧插入关键帧，然后删除帧，在第 700 帧插入普通帧。

（3）双击舞台上的"场景 4"元件，进入影片编辑窗口。在"图层 1"中，选择"矩形"工具并设置为无边框，绘制舞台大小的矩形，填充紫—白渐变色，在第 146 帧插入普通帧，效果如图 1-107 所示。

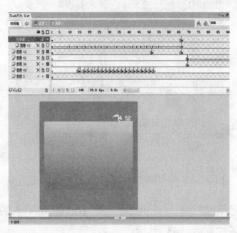

图 1-107　绘制矩形

（4）新建"图层 2"，按【Ctrl+L】组合键打开"库"面板，将"飞线旋转"元件拖放到第 1 帧，并复制多个，在第 145 帧插入普通帧，效果如图 1-108 所示。

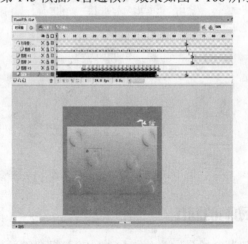

图 1-108　设置"飞线旋转"元件

（5）新建"图层 3"，在第 15 帧插入关键帧，按【Ctrl+L】组合键打开"库"面板，将"闪电"元件拖放到此帧并放置在舞台上方，单击元件打开其"属性"面板，选择"颜色"列表中的"色调"，将 RGB 值调整为 R：255，G：255，B：0，色彩数量为 75%，效果如图 1-109 所示。

（6）依次每隔 2 帧添加一个关键帧，一直添加到第 54 帧，修改各关键帧上"闪电"元件的大小和色调，效果如图 1-110 所示。

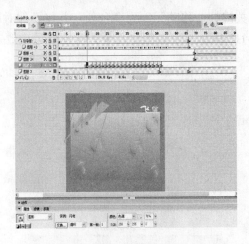

图 1-109　设置"闪电"元件属性

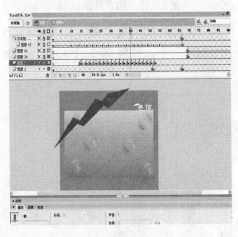

图 1-110　修改"闪电"元件的大小和色调

（7）新建"图层 4"，按【Ctrl+L】组合键打开"库"面板，将飞舞的"人"元件拖放到第 1 帧，并放置在舞台外，为"图层 4"创建引导层，利用"铅笔"工具绘制引导线，并将元件对准到引导线的开始处，效果如图 1-111 所示。

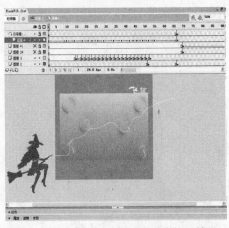

图 1-111　将元件对准到引导线的开始处

（8）在第 65 帧插入关键帧，移动元件到舞台外，并将元件对准到引导线的终点处，创建补间动画，效果如图 1-112 所示（可多创建几个关键帧使运动效果更加逼真）。

图 1-112　创建补间动画

（9）新建"图层 5"，在第 70 帧处插入关键帧，按【Ctrl+L】组合键打开"库"面板，将"流线"元件拖放到此帧，复制 3 个，并将这 3 个元件一起逆时针旋转 90°，效果如图 1-113 所示。

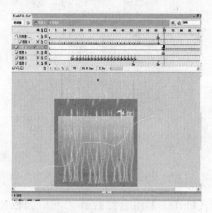

图 1-113　设置"流线"元件

（10）分别在第 138 帧和第 145 帧处插入关键帧，将第 145 帧上的元件向下移动一段距离，创建补间动画，效果如图 1-114 所示。

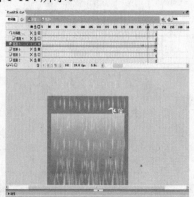

图 1-114　创建补间动画

（11）新建"图层 6"，在第 70 帧处插入关键帧，按【Ctrl+L】组合键打开"库"面板，将跳舞的"人"元件拖放到此帧，在第 145 帧插入关键帧，效果如图 1-115 所示。

图 1-115　设置"人"元件

五、画面（5）中动画的制作

（1）新建图层，更名为"场景 5"，按【Ctrl+F8】组合键新建元件，弹出"创建新元件"对话框，如图 1-116 所示，在"名称"栏中输入"场景 5"，"类型"选择"影片剪辑"，单击"确定"按钮。

图 1-116　"创建新元件"对话框

（2）按【Ctrl+L】组合键打开"库"面板，在第 540 帧处插入关键帧，将"场景 5"影片元件拖放到此关键帧处，在第 700 帧处插入普通帧。

（3）双击舞台上的"场景 5"元件，进入影片编辑窗口。在"图层 1"中，选择"矩形"工具并调置为无边框，绘制舞台大小的矩形，填充粉—白渐变色，在第 109 帧处插入普通帧，效果如图 1-117 所示。

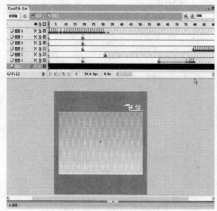

图 1-117　绘制矩形

（4）新建"图层 2"，按【Ctrl+L】组合键打开"库"面板，将"黄色旋转"元件拖放到第 1 帧，在第 30 帧处插入关键帧，并将此帧上的元件旋转一定的角度，在第 33 帧插入关键帧，将元件的 Alpha 值设为 0%，效果如图 1-118 所示。

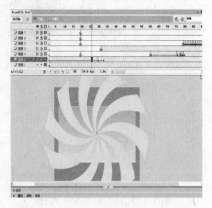

图 1-118　设置"黄色旋转"元件

（5）新建"图层 3"，在第 32 帧处插入关键帧，按【Ctrl+L】组合键打开"库"面板，将"晃动的圆"元件拖放到此帧，在第 109 帧插入普通帧，效果如图 1-119 所示。

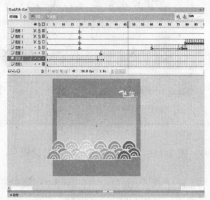

图 1-119　设置"晃动的圆"元件

（6）新建"图层 4"，在第 61 帧处插入关键帧，按【Ctrl+L】组合键打开"库"面板，将"彩虹 2"元件拖放到此帧，在第 76 帧处插入关键帧，并设定第 61 帧元件的 Alpha 值为 0%，创建补间动画，效果如图 1-120 所示。

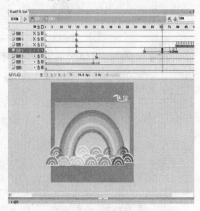

图 1-120　设置"彩虹 2"元件

（7）在第 78 帧、第 79 帧、第 80 帧处插入关键帧，在第 109 帧处插入普通帧，缩小第 78 帧和第 80 帧元件的大小，形成跳动的效果，如图 1-121 所示。

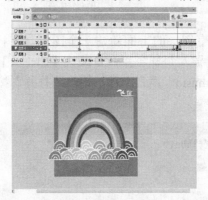

图 1-121　创建跳动的效果

（8）新建"图层 5"，在第 80～92 帧处插入关键帧，依次出现"飞越无限，信步天下"八个字，在第 109 帧插入普通帧，效果如图 1-122 所示。

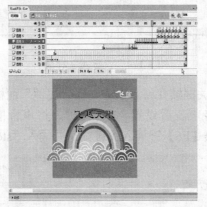

图 1-122　创建文字效果

（9）新建"图层 6"、"图层 7"，在第 93 帧处插入关键帧，依次每隔两帧插入关键帧，在第 109 帧插入普通帧，按【Ctrl+L】组合键打开"库"面板，将"彩星 1"～"彩星 3"元件分别拖入这些关键帧上，并删除其中一部分关键帧，形成星星闪动的效果，如图 1-123 所示。

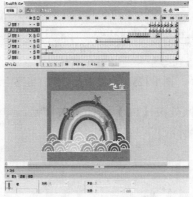

图 1-123　创建星星闪动效果

任务五：音效制作

（1）返回场景 1，在所有图层的上面新建一个图层，并将该图层命名为"音乐"。执行"文件"→"导入"→"导入到舞台"命令或按【Ctrl+R】组合键，弹出"导入"对话框，选中音乐文件夹中的"music"声音文件，单击"打开"按钮，将声音文件导入舞台，如图 1-124 所示。

图 1-124　"导入"对话框

（2）在第 45 帧处插入关键帧并将其选中，在"属性"面板的"声音"下拉列表中选择刚导入的声音文件，在同步声音后设置"数据流"，将声音模式设置为"重复"，次数为"1"。在该图层的第 700 帧按【F6】键插入关键帧，并输入"stop()";，如图 1-125 所示。

图 1-125　设置声音文件的属性

（3）在该图层的第 700 帧处按【F6】键插入关键帧，单击此帧打开"动作"面板，输入"stop();"，效果如图 1-126 所示。

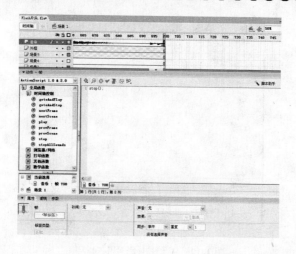

图 1-126 "动作"面板的设置

任务六：文件的优化及发布

（1）执行"控制"→"测试影片"命令（或按【Ctrl+Enter】组合键）打开播放器窗口，即可观看到动画，效果如图 1-127 所示。

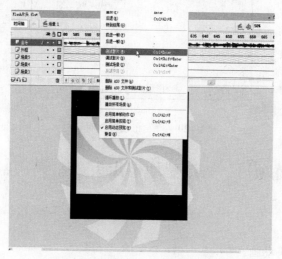

图 1-127 选择"测试影片"命令

（2）执行"文件"→"导出"→"导出影片"命令，在"文件名"文本框中输入"Flash 片头"，"保存类型"选择"Flash 影片"，然后单击"保存"按钮。如果要保存为其他格式，则可在"保存类型"下拉列表中选择需要的文件格式，然后再单击"保存"按钮，效果如图 1-128 所示。

（3）执行"文件"→"发布设置"命令，在弹出的"发布设置"对话框中对文档进行设置，然后单击"发布"按钮，效果如图 1-129 所示。

图 1-128   "导出影片"对话框

图 1-129   "发布设置"对话框

拓展能力训练项目——动感地带片头

一、项目任务

设计动感地带片头动画。

二、关键技术

- 素材的处理
- 逐帧动画、遮罩动画、补间动画的应用
- 动感音乐的处理
- 场景切换自然流畅效果的实现
- 色彩绚丽效果的实现
- 创意设计的实现

三、参照效果

动感地带片头效果如图 1-130 所示。

图 1-130 动感地带片头效果

思维开发训练项目

一、项目任务

请同学们根据本节的实训内容，自选内容设计一个片头动画。

二、参考项目

- 地产广告宣传片头
- 化妆品广告宣传片头
- 笔记本电脑展示片头
- 购物网站导航片头
- 运动品牌推介片头
- 新款手机发布片头

三、设计要求

创意新颖，镜头切换自然流畅，内容精致，色彩绚丽，富有动感。

项目二 贺 卡

情境导入

老师：同学们，在你的朋友、亲友、同学过生日，或者是在过一些节日的时候，你们通常做些什么呢？

学生：送礼物、打电话、邮贺卡……

老师：嗯，非常好！老师也是这样的，但是在朋友生日的时候，我送的电子贺卡会让朋友更贴心，因为贺卡通常都是由我自己来设计的，你们想不想也自己亲手设计一些贺卡，送给亲朋呢？

学生：当然想了，我们已经有些迫不及待了。

老师：好，那就让我们就行动起来吧！

基本能力训练项目——生日贺卡

任务一：作品策划及剧本编写

客户要求为朋友生日制作一张电子贺卡，表达对朋友生日的祝贺。要求要给朋友一个特殊的祝福，贺卡要表达欢快、喜庆的气氛，画面要美观，并提供了生日快乐歌及一段欢快的音乐以供使用。

根据客户的要求及选定的音乐，确定了以下的剧本内容。

SC1-1：伴随着一首悠扬的童声演唱的生日快乐歌，一串文字"特别的日子，有好东西送给特别的你～～，快打开看看吧！"依次进入场景。

SC1-2：一串喜庆的彩色气球，带着一份生日礼物缓缓从下入画，在场景中上部，气球与礼物分离，气球继续向上，礼物缓落于地。

SC1-3：黄色箭头指引礼物，画面停留，音乐继续。

SC2：点击礼物，伴着欢快的音乐，礼盒打开，盒盖向前上方放大，在蛋糕出现的同时，一个生日祝福场面出现在眼前。快乐精灵送来快乐，下落的彩片、左右舞动的生日条幅、可爱的小兔子及生日蛋糕烘托着整个生日的喜庆气氛，至此达到动画的高潮。

贺卡界面

贺卡界面如图 2-1 所示。

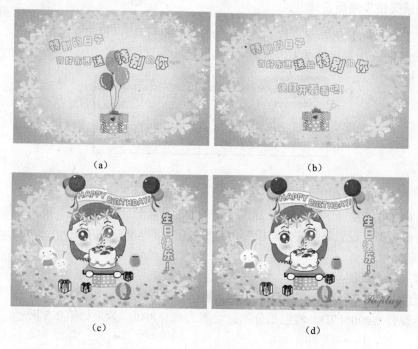

（a）　　　　　　　　　　　　（b）

（c）　　　　　　　　　　　　（d）

图 2-1　贺卡界面

任务二：角色设计

本生日贺卡中涉及的人物角色是"快乐天使"。

一、新建一个 Flash 影片文件

新建一个 Flash 影片文件，设置文档大小为 600×400 像素，背景颜色为白色，帧频为 12fps，将文件命名为"生日贺卡"并保存，效果如图 2-2 所示。

图 2-2　"文档属性"对话框

二、制作影片剪辑元件"快乐天使"

1. "快乐天使"造型设计

（1）按【Ctrl+F8】组合键，打开"创建新元件"对话框，设定名称为"快乐天使"，类型为"影片剪辑"，效果如图 2-3 所示。

图 2-3　"创建新元件"对话框

（2）重命名"图层 1"为"脸"，运用"线条"工具，配合"选择"工具及"部分选取"工具，绘制面部造型，设置笔触样式为极细，笔触颜色为#990000，填充颜色为#FEEAEB，效果如图 2-4 所示。

（3）插入一个新图层，命名为"左眼"，运用"线条"工具、"椭圆"工具绘制左眉及左眼，左眉笔触高度设置为 2，笔触颜色设置为#000000，睫毛笔触高度设置为 1，左眼深色部分填充颜色设置为#005F7D，浅色部分颜色设置为#0188A9，效果如图 2-5 所示。

图 2-4　创建"脸"部造型

图 2-5　创建"左眼"

（4）插入一个新图层，命名为"右眼"，用鼠标选中"左眼"图层的第 1 帧（关键帧），按住【Alt】键将其拖放到"右眼"图层的第 1 帧（即复制并粘贴帧），将复制的左眼选中，执行"修改"→"变形"→"水平翻转"命令得到右眼图形，效果如图 2-6 所示。

（5）插入 3 个新图层，分别命名为"嘴"、"红晕左"、"红晕右"，为面部添加红晕修饰及嘴的造型，效果如图 2-7 所示。

图 2-6　绘制"右眼"

图 2-7　创建"面部"

（6）插入新图层，命名为"头发"，运用"线条"工具，配合"选择"工具及"部分选取"工具，为人物添加头发，设置笔触样式为极细，笔触颜色为#990000，填充颜色为

#CC6600，效果如图 2-8 所示。

（7）插入新图层，命名为"身体"，运用"矩形"工具、"椭圆"工具，配合"选择"工具绘制人物的身体部分，设置笔触样式为极细，笔触颜色为#C73363，填充颜色为#CC0000，效果如图 2-9 所示。

图 2-8 绘制头发

图 2-9 绘制身体部分

（8）插入一个新图层，命名为"腿"，运用"椭圆"工具，配合"选择"工具绘制人物的腿部，设置笔触样式为极细，笔触颜色为#990000，填充颜色为#F4EAE8，效果如图 2-10 所示。

（9）插入一个新图层，命名为"翅膀"，运用"椭圆"工具，配合"选择"工具绘制人物的翅膀，其笔触样式为极细，笔触颜色为#990000，填充颜色为#FFF0FF，效果如图 2-11 所示。

（10）插入一个新图层，命名为"花"，运用"椭圆"及"变形"工具为人物添加装饰，效果如图 2-12 所示。

图 2-10 绘制腿部

图 2-11 绘制翅膀

图 2-12 绘制花

（11）合理调整图层顺序，完成"快乐天使"人物造型的设计。

2. 在"快乐天使"影片剪辑元件中添加眨眼的动作

（1）同时选中所有图层的第 40 帧，按【F5】键插入普通帧，效果如图 2-13 所示。

图 2-13 插入普通帧

（2）分别同时选中所有图层的第 20 帧、第 22 帧和第 25 帧，按【F6】键插入关键帧，在第 20 帧做第一次闭眼的动作。首先，选中"左眼"图层的第 20 帧中左眼的图形，按【Delete】键将其删除；然后，用"线条"工具，配合"选择"工具绘制出眼睛闭合的状态，眼睛的颜色设置为#000000。使用同样的方法得到右眼闭合的图形，效果如图 2-14 所示。

（3）调整其他图层中第 20 帧图形的状态，遵循的基本规则是在闭眼时身体各部分稍向下移，翅膀稍有合拢，效果如图 2-15 所示。

图 2-14　双眼闭合效果

图 2-15　人物效果

（4）同时选中所有图层的第 20 帧，按住【Alt】键复制帧到相应图层的第 24 帧处，这样就完成了两次眨眼动画的制作，此时元件时间轴的状态如图 2-16 所示。

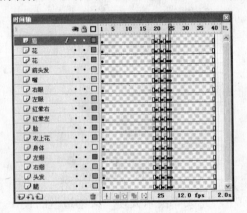

图 2-16　元件时间轴的状态

任务三：场景设计

本生日贺卡由两个主要场景组成，一个是动画进入场景，另一个是动画高潮时的场景。

一、动画进入场景的制作

（1）重命名"图层 1"为"背景"，运用"矩形"工具绘制一个宽为 600 像素，高为 400 像素的矩形，利用"变形"面板使其与舞台水平和垂直中齐，并填充放射状渐变色，从左向右 3 个颜色块的值分别为#FFE1C4、#FFDCBE、#FE8E45，效果如图 2-17 所示。

图 2-17　绘制矩形

（2）按【Ctrl+F8】组合键，打开"创建新元件"对话框，设定名称为"花环"，类型为"影片剪辑"，如图 2-18 所示。

图 2-18　"创建新元件"对话框

（3）制作花环中花朵浮动效果。在"花环"影片剪辑元件中有 3 个关键帧，即第 1、4、8 帧，其中第 1 帧和第 8 帧两个关键帧中的效果相同，第 1、8 帧的效果如图 2-19 所示。

（4）"花环"影片剪辑元件中第 4 帧的效果如图 2-20 所示。

图 2-19　第 1、8 帧的效果　　　　　　　　　　　　图 2-20　第 4 帧的效果

（5）在"背景"图层上方插入一个新图层，命名为"花环"，将"花环"影片剪辑元件拖放到舞台上，此时"场景 1"的效果如图 2-21 所示。

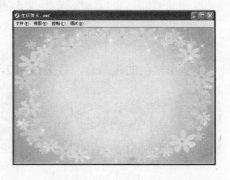

图 2-21　"场景 1"的效果

二、动画高潮时的场景

1．制作"彩片"图形元件

（1）按【Ctrl+F8】组合键，打开"创建新元件"对话框，创建一个名为"彩片 1"的图形元件，如图 2-22 所示。

图 2-22　创建"彩片 1"元件

（2）运用"矩形"工具和"选择"工具绘制一个无边线，填充色为#FF6666 的彩片，效果如图 2-23 所示。

（3）使用同样的方法制作"彩片 2"、"彩片 3"和"彩片 4"图形元件，颜色分别为 #FF9900、#99CC00、#6699CC，元件效果如图 2-24 所示。

图 2-23　绘制彩片　　　　　　　　　　　　图 2-24　元件效果

2．制作"礼品"图形元件

（1）制作红色礼品盒，按【Ctrl+F8】组合键，打开"创建新元件"对话框，创建一个名为"礼品 1"的图形元件，如图 2-25 所示。

图 2-25　创建"礼品 1"元件

（2）运用"绘图"工具绘制一个红色的礼品盒，效果如图 2-26 所示。

图 2-26　绘制红色礼品盒

（3）使用相同的方法制作"礼品 2"、"礼品 3"图形元件，元件效果如图 2-27 所示。

图 2-27 元件效果

3. 制作"彩球"图形元件

制作"彩球"图形元件，效果如图 2-28 所示。

4. 制作"酒杯"图形元件

制作"酒杯"图形元件，效果如图 2-29 所示。

图 2-28 "彩球"图形元件 图 2-29 "酒杯"图形元件

5. 制作"场景 2"图形元件

（1）按【Ctrl+F8】组合键，打开"创建新元件"对话框，创建一个名为"场景 2"的图形元件，如图 2-30 所示。

图 2-30 创建"场景 2"元件

（2）按【Ctrl+L】组合键打开"库"面板，引入为"场景 2"准备的素材及图形元件，将其布置在"场景 2"的画面中，效果如图 2-31 所示。

图 2-31　将素材布置在场景 2 中

任务四：素材准备

一、制作"气球"图形元件

（1）制作第一组"气球"图形元件，分别取名为"气球 1"、"气球 2"和"气球 3"，效果如图 2-32 所示。

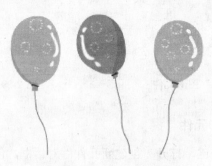

图 2-32　第一组"气球"图形元件

（2）制作第二组"气球"元件，分别取名为"红气球"、"黄气球"、"蓝气球"、"紫气球"，效果如图 2-33 所示。

图 2-33　第二组"气球"图形元件

二、制作"条幅"图形元件

（1）按【Ctrl+F8】组合键，打开"创建新元件"对话框，创建一个名为"条幅"的图形元件，如图 2-34 所示。

图 2-34 创建"条幅"元件

（2）重命名"图层 1"为"底色"，运用"矩形"工具及"选择"工具绘制颜色值为#CC99CC，形状如图 2-35 所示的条幅底色效果。

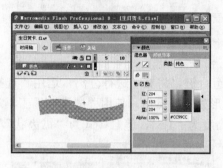

图 2-35 条幅底色效果

（3）新建"填色"图层，为右侧底色上面填充线性渐变色#454545→#FFFFFF，左侧底色上面填充白色，效果如图 2-36 所示。

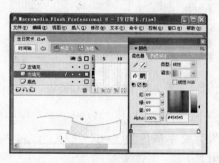

图 2-36 填充颜色

（4）新建一个"修整"图层，对图形中不完善的地方进行修饰，效果如图 2-37 所示。

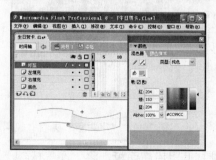

图 2-37 "修整"图层

（5）新建"字"层，输入文字"HAPPY BIRTHDAY！"，设置字体为"Eras Bold ITC"，字号为"24"，颜色为"#FFE833"，效果如图 2-38 所示。

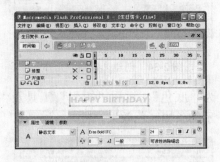

图 2-38 "字"层

（6）按两次【Ctrl+B】组合键，将文字进行分离，运用"选择"工具对文字位置进行调整，并对文字外形做简单变形处理；然后，使用"墨水瓶"工具对文字进行描边，设置笔触颜色为"#8B29BA"，笔触高度为"1.5"，笔触样式为"锯齿状"，效果如图 2-39 所示。

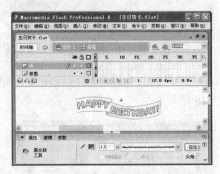

图 2-39 对文字进行描边

（7）在"字"层下新建一个"字阴影"层，复制"字"层中的文字，按【Ctrl+Shift+V】组合键将其粘贴到当前层，设置文字颜色为"#CCCCCC"，将"字阴影"层的文字向右向下移动一段距离，效果如图 2-40 所示。

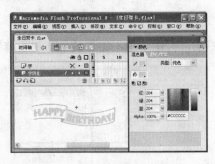

图 2-40 "字阴影"层

（8）按【Ctrl+L】组合键打开"库"面板，将"红气球"、"黄气球"、"蓝气球"、"紫气球"图形元件拖入画面中，并调整它们的大小和位置；绘制彩带作修饰，"条幅"元件的最终效果如图 2-41 所示。

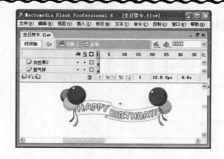

图 2-41　"条幅"元件的最终效果

三、制作"礼品盒"图形元件

运用"绘图"工具分别制作"盒盖"、"盒身"、"礼品盒"图形元件，元件效果如图 2-42 所示。

图 2-42　元件效果

四、制作"生日蛋糕"图形元件

运用"绘图"工具分别制作"蛋糕 1"、"蛋糕 2"图形元件，元件效果如图 2-43 所示。

图 2-43　元件效果

五、制作"小兔"图形元件

从"库"中拖入两张小兔图片，分别按【F8】键将其转换为图形元件，"小兔 1"、"小兔 2"元件的效果如图 2-44 所示。

图 2-44　"小兔 1"、"小兔 2"元件的效果

六、制作"箭头"图形元件

运用"钢笔"工具完成"箭头"元件的制作，效果如图 2-45 所示。

七、制作按钮元件

图 2-45　箭头图形元件

1. 制作"按钮"元件

（1）按【Ctrl+F8】组合键，打开"创建新元件"对话框，创建一个名为"按钮"的按钮元件，制作一个隐形按钮（即只有反应区的按钮），效果如图 2-46 所示。

图 2-46　创建"按钮"元件

（2）在"按钮"元件的编辑状态下，选中"点击"帧，按【F6】键插入一个关键帧，绘制一个能够覆盖礼品盒及箭头整个范围的按钮区域，效果如图 2-47 所示。

图 2-47　绘制按钮区域

2. 制作 Replay 按钮

（1）制作名称为"小花"的图形元件，设置花边颜色为#FA5E8B，填充色为#FEEAEB→#FDBDD7→#FD9DCD，效果如图 2-48 所示。

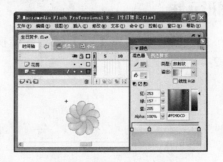

图 2-48　制作"小花"元件

（2）制作"小花转"影片剪辑元件，按【Ctrl+F8】组合键，创建一个名为"小花转"的影片剪辑元件。从"库"中将"小花"图形元件拖放到舞台上，分别在第 6、9、15 帧处按【F6】键，插入关键帧；将第 6、9 帧中的"小花"图形元件的宽度和高度值设为 120%；分别选中第 1 帧和第 9 帧，在"属性"面板上设置"动画"补间动画，顺时针旋转 1 次，效果如图2-49 所示。

图 2-49 "小花转"影片剪辑元件

（3）制作"Replay"按钮元件。

① 创建一个名称为"Replay"的按钮元件，选中"弹起"帧，输入文字"Replay"，设置字体为"CommercialScript BT"，字号为"40"，颜色为"#00CC00"；从"库"中将"小花转"影片剪辑元件拖放到舞台上，放到适当的位置，效果如图 2-50 所示。

图 2-50 创建"Replay"按钮元件

② 选中"指针经过"与"按下"帧，按【F6】键，插入关键帧，设置"指针经过"帧的文字颜色为#00CCCC，"按下"帧文字颜色为#FF3300，效果如图 2-51 所示。

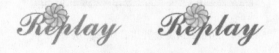

图 2-51 设置不同的颜色

③ 在"点击"帧处插入关键帧，绘制一个能够覆盖文字及小花的矩形，作为按钮的反映区，效果如图 2-52 所示。

图 2-52 绘制矩形

八、导入声音素材

将素材"库"中提供的生日快乐歌、欢快的庆贺音乐及鼓声、锣声等 5 个 MP3 格式的音乐导入"库"中备用，如图 2-53 所示。

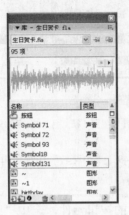

图 2-53　将音乐文件导入"库"中

任务五：动画制作

一、动画准备

在"花环"图层上方插入一个图层，命名为"音乐"，在"属性"面板中设置声音为 Symbol18，同步模式为事件，重复方式为循环。同时选中"背景"与"音乐"层的第 235 帧，按【F5】键插入普通帧，效果如图 2-54 所示（提示：先插入音乐，以便根据音乐节奏制作动画）。

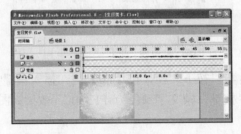

图 2-54　设置"音乐"图层

二、制作文字动画

本动画以文字动画开始，在"背景"层上方插入一个新图层，命名为"文字动画"，输入文字"特别的日子 有好东西送给特别的你~~　快打开看看吧！"，选中文字按【F8】键，将其转换为图形元件，取名为"字"。下面进行"字"图形元件的编辑。

1．设置文本属性

设置字体为"华文行楷"，字体大小为"27"，文本颜色为"#EA7500"，设置为"粗体"，按【Ctrl+B】组合键将文本分离为单个字；分别选中每个字，调整文字位置、颜色与大小，使文字整体看起来更美观，并分别按【F8】键将其转换为图形元件，以相应的文字作为元件名称；选中所有文字，单击右键，在弹出的快捷菜单中选择"分散到图层"选项，使每个字分散到图层上，效果如图 2-55 所示。

图 2-55　将字分散到图层

2. 制作第一行文字"特别的日子"文字动画

（1）同时选中这几个字所在图层的第 3 帧，按【F6】键插入关键帧。分别选中每个图层的第 1 帧，将文字移到场景外，同时选中各图形的第 1 帧，设置补间动画，效果如图 2-56 所示。

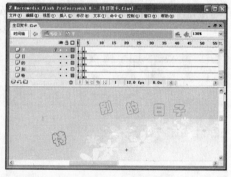

图 2-56　创建补间动画

（2）从第 2 个字"别"开始，各层动画依次向后延迟 1 帧，同时选中各层第 7 帧，按【F5】键插入普通帧，将动画补齐，效果如图 2-57 所示。

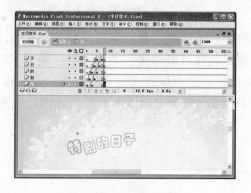

图 2-57　将动画补齐

（3）在"子"图层上方插入一个新图层，命名为"特别的日子"，将这几个字创建为一个图形元件，在第 8 帧处插入关键帧，以后每隔 7 帧插入一个关键帧，设置每一个关键帧中图形元件颜色属性的色调值，创建补间动画，使文字产生变色的效果，如图 2-58 所示。

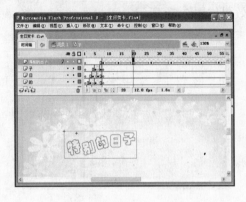

图 2-58　文字变色效果

3．制作第二行文字"有好东西送给特别的你~~"文字动画

（1）选中所有图层的第 1 帧，将其移到第 10 帧。在"有"、"好"、"东"、"西"图层的第 13 帧插入关键帧，分别选中这四个图层第 10 帧中的图形元件，设置宽度和高度为200%，颜色属性的 Alpha 值为 0%，创建补间动画，各层动画依次延迟 2 帧，效果如图 2-59所示。

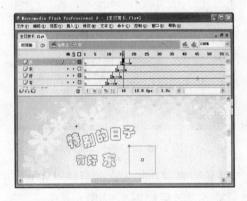

图 2-59　制作第二行文字

（2）将"送"字层的第 1 个关键帧移到第 18 帧，并在第 41 帧处插入关键帧；给"送"字层添加运动引导层，在第 18 帧处插入关键帧，使用"铅笔"工具绘制引导线，使引导线的起始位置在场景外，结束位置在送字的当前位置；将第 18 帧的送字移到引导线的起始位置，创建补间动画，并在中间插入若干关键帧，使文字沿折线运动，效果如图 2-60 所示。

图 2-60 文字沿折线运动

（3）将"给"图层的第 1 个关键帧移到第 40 帧，分别在第 42、44 帧处插入关键帧，设第 42 帧处的"给"图形元件的宽度和高度为 200%；选中第 42～44 帧，按住【Alt】键分别拖动到第 46 帧和第 50 帧处（即完成复制并粘贴帧的操作），效果如图 2-61 所示。

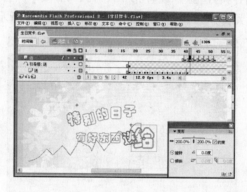

图 2-61 设置"给"图层

（4）将"特"、"别"两个图层的第 1 个关键帧移到第 51 帧，分别在第 52、54 帧处插入关键帧，将第 52 帧中的两个字元件删除，使其成为空白关键帧；选中第 52～54 帧，按住【Alt】键分别拖放到第 55、58、62 帧处，效果如图 2-62 所示。

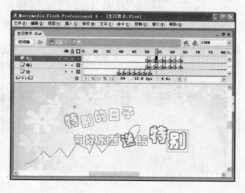

图 2-62 设置"特""别"两个图层

（5）将"的"图层的第 1 个关键帧移到第 62 帧，在第 65 帧插入关键帧，设置第 62 帧的"的"图形元件的宽度和高度为 200%,创建补间动画,效果如图 2-63 所示。

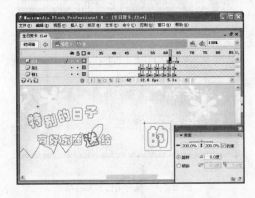

图 2-63　设置"的"图层

（6）将"你"图层的第 1 个关键帧移到第 71 帧,选中第 72 到 79 帧,插入关键帧,将第 72、74、76、78 帧中的内容清除,设置第 73、75、77 帧中"你"图形元件颜色属性的色调为不同的值,使"你"元件产生闪烁变色的效果,如图 2-64 所示。

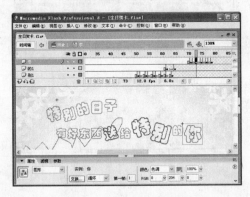

图 2-64　设置"你"图层

（7）将第一个"~"图层的第 1 个关键帧移到第 64 帧,选中第 68 帧,插入关键帧,将第 66 帧中的内容清除;将第二个"~"图层的第 1 个关键帧移到第 65 帧,选中第 69、72 帧,插入关键帧,将第 66、70 帧中的内容清除,效果如图 2-65 所示。

图 2-65　设置两个"~"图层

4．制作第三行文字"快打开看看吧！"文字动画

（1）选中"快""打""开""看""看""吧""！"各图层的第 1 个关键帧，将其移到第 200 帧处；选中第 209 帧，插入关键帧，设置第 200 帧处各图形元件的宽度和高度为 300%，颜色属性的 Alpha 值为 0%；创建补间动画，设置文字层动画依次延迟 3 帧，并在第 235 帧处插入普通帧将动画补齐，效果如图 2-66 所示。

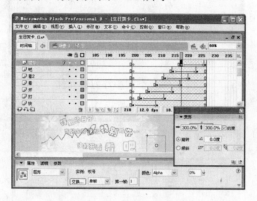

图 2-66　制作第三行文字

（2）在所有层的上方插入一个新图层，命名为"第三行文字"，在第 228 帧处插入一个关键帧，将第三行文字进行复制并粘贴到该帧的当前位置，按【F8】键将其转换为名称为"字_快看看"的影片剪辑元件，效果如图 2-67 所示。

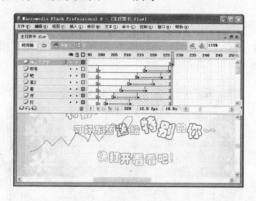

图 2-67　创建影片剪辑元件

（3）进入影片剪辑元件"字_快看看"的编辑状态，选中所有图层的第 4 帧，插入关键帧，选中第 1 帧中的第一个字"快"，按两次【↓】键，选中第 1 帧中的第二个字"打"，按两次【↑】键，以此类推，效果如图 2-68 所示。

（4）返回"字"图形元件的编辑状态。在图层"第三行文字"的第 235 帧处按 F5 键插入普通帧，在其他需要显示的文字图层的第 235 帧插入普通帧，完成"字"图形元件的制作，效果如图 2-69 所示。

图 2-68　设置影片剪辑元件

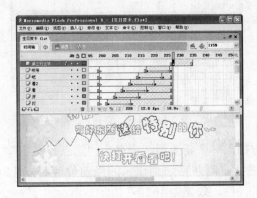

图 2-69　"字"图形元件

（5）按【Ctrl+E】组合键返回场景，选中"文字动画"图层的第 235 帧，插入普通帧，效果如图 2-70 所示。

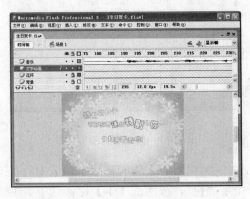

图 2-70　插入普通帧

三、制作礼品盒出现动画

（1）按【Ctrl+F8】组合键，创建一个名称为"礼品"的图形元件。进入"礼品"图形元件的编辑状态，重命名"图层 1"为"气球 1"，插入"图层 2"、"图层 3"、"图层 4"并分别重命名为"气球 2"、"气球 3"和"礼品盒"，效果如图 2-71 所示。

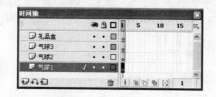

图 2-71　新建图层

（2）从"库"中将"气球 1"、"气球 2"、"气球 3"三个图形元件分别拖放到对应的图层中，效果如图 2-72 所示。

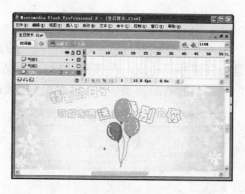

图 2-72　拖放元件

（3）从素材"库"中导入图片素材"礼品盒.png"图片，将其拖放到图层"礼品盒"中，选中图片后按【F8】键，将其转换为名称为"礼品盒"的图形元件，效果如图 2-73 所示。

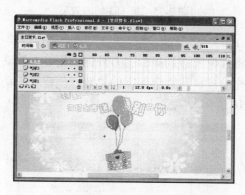

图 2-73　"礼品盒"图形元件

（4）由于本动画在场景中是从第 80 帧开始的，所以选中所有帧，将其移到第 80 帧处，返回"场景 1"中，在"背景"层上方插入一个新图层"礼品"，在"礼品"图层的第 80 帧处插入关键帧，将图形元件"礼品"从"库"中拖放到舞台上，选中"礼品"图形元件，在"属性"面板中设置礼品的第一帧为 80，效果如图 2-74 所示。

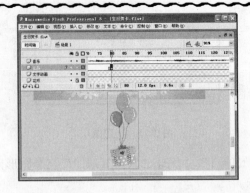

图 2-74　设置"礼品"图层

（5）双击进入"礼品"图形元件的编辑状态，选中所有图层的第 183 帧插入关键帧，以礼品进入画面中间位置为准，创建补间动画。在第 80～183 帧插入适当帧，用来调节各元件的角度，使气球及礼品盒出现摆动的动画效果。第 183 帧的效果如图 2-75 所示。

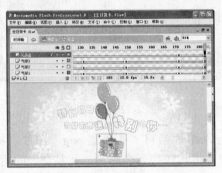

图 2-75　第 183 帧的效果

（6）同时选中"气球 1"、"气球 2"、"气球 3"三个图层的第 235 帧，插入关键帧，选中第 235 帧中的三个气球将其位置移到舞台上方外侧，创建补间动画。在"礼品盒"图层的第 203 帧插入关键帧，将礼品盒移到舞台偏下的位置，创建补间动画；选中该层的第 235 帧插入普通帧，效果如图 2-76 所示。

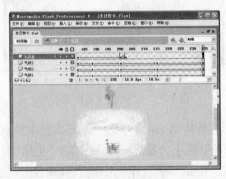

图 2-76　创建补间动画

四、制作第一场景到第二场景的过渡动画

1. 制作箭头指向动画

（1）在"礼品"图层上方插入一个新图层，命名为"箭头"，选中该层的第 235 帧，插入关键帧，将"箭头"图形元件从"库"中拖放到舞台上，使用"任意变形"工具将其调到适合的角度，效果如图 2-77 所示。

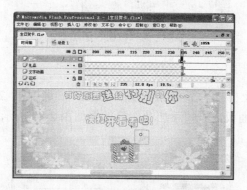

图 2-77　创建"箭头"元件

（2）选中箭头，按【F8】键，将其转换为"箭头"影片剪辑元件。进入该元件的编辑状态，选中第 4 帧插入关键帧，将其位置向右上微移，创建补间动画；在第 6 帧处插入普通帧，效果如图 2-78 所示。

图 2-78　编辑"箭头"元件

2. 添加隐形按钮

在"场景 1"的"文字动画"图层上方插入一个新图层"按钮"，选中第 235 帧，插入关键帧，从"库"中将"按钮"元件拖放到舞台上，以正好将礼品盒及箭头覆盖上为准；选中"按钮"元件，按【F9】键，打开"动作"面板，为其添加脚本，效果如图 2-79 所示。

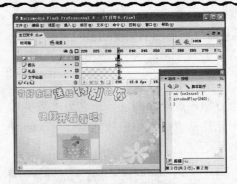

图2-79 为"按钮"添加脚本

3. 新建"action"图层

在"音乐"图层的上方插入一个新图层"action",选中第 235 帧,插入关键帧,按【F9】键,打开"动作"面板,给帧添加动作,效果如图 2-80 所示。

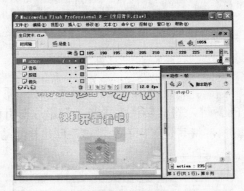

图2-80 添加动作

4. 插入音乐

(1)选中"音乐"图层的第 236 帧,插入关键帧,在"属性"面板的"声音"属性中设置"声音"名称为"Symbol 72","同步"模式为"事件"、"重复"、"1"次,效果如图 2-81 所示。

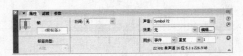

图2-81 设置"声音"属性 1

(2)选中"音乐"图层的第 240 帧,插入关键帧,在"属性"面板的"声音"属性中设置"声音"名称为"Symbol 71","同步"模式为"事件"、"重复"、"1"次,效果如图 2-82 所示。

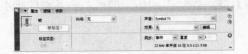

图2-82 设置"声音"属性 2

（3）选中"音乐"图层的第 244 帧，插入关键帧，在"属性"面板的"声音"属性中设置"声音"名称为"Symbol 93"，"同步"模式为"事件"、"重复"、"1"次，效果如图 2-83 所示。

图 2-83　设置"声音"属性 3

（4）选中"音乐"图层的第 248 帧，插入关键帧，在"属性"面板的"声音"属性中设置"声音"名称为"Symbol131"，"同步"模式为"事件"、"循环"；选中"音乐"图层的第 300 帧，插入普通帧，效果如图 2-84 所示。

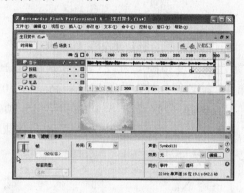

图 2-84　设置"声音"属性 4

5．制作衬托背景的闪烁的星星效果

（1）新建一个名称为"光 1"的图形元件，绘制颜色为#B9EBFF 的光，效果如图 2-85 所示。

（2）新建一个名称为"星动作"的影片剪辑元件，将"光 1"图形元件从"库"中拖放到舞台上，再插入三个新图层，同样将"光 1"放在舞台上，使尖角的方向相对，效果如图 2-86 所示。

图 2-85　"光 1"图形元件　　　　　　　　图 2-86　"星动作"影片剪辑元件

（3）同时选中各图层的第 15 帧，按【F6】键，插入关键帧，设置第 15 帧中"光 1"元件的宽度和高度为 25%，颜色属性的色调为#336699，色彩数量为 100%，创建补间动画，效果如图 2-87 所示。

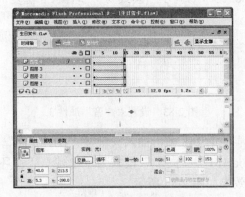

图 2-87　创建补间动画

（4）新建一个名称为"闪烁的星"的影片剪辑元件，从"库"中将"星动作"影片剪辑元件拖放到舞台上，设置元件的宽度和高度为 25%；分别在第 10、15、25 帧处插入关键帧，分别选中第 10 帧和第 15 帧处的元件，设置宽度和高度为 50%；设置第 1 帧处元件的"颜色"属性的"Alpha"值为 0%；分别选中第 1 帧和第 15 帧，在"属性"面板中设置"补间"类型为"动画"，"旋转"方向为"顺时针"、"1"次，效果如图 2-88 所示。

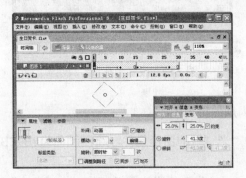

图 2-88　编辑"闪烁的星"影片剪辑元件

（5）返回"场景 1"，在"文字动画"图层的上方插入一个新图层，命名为"星"，在第 240 帧处插入关键帧，将影片剪辑元件"闪烁的星"从"库"中拖放到舞台上，复制几个，调整其大小、位置及色调，并在该层的第 300 帧处插入普通帧，效果如图 2-89 所示。

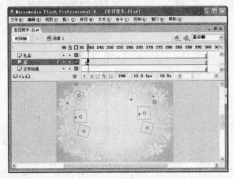

图 2-89　闪烁的星效果

（6）选中"背景"图层的第 248 帧，按【F7】键，插入空白关键帧，将"场景 2"元件从库中拖放到场景中，使其与舞台水平和中齐；选中第 300 帧，插入普通帧，效果如图 2-90 所示。

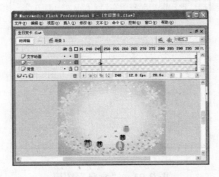

图 2-90 编辑"背景"图层

6. 制作礼品盒过渡动画

（1）在"星"图层上方插入一个新图层，命名为"礼品盒"，选中第 240 帧，插入关键帧，将"礼品盒"图形元件从"库"中拖放到场景中，设置其宽度和高度为 130%，放在适合的位置，效果如图 2-91 所示。

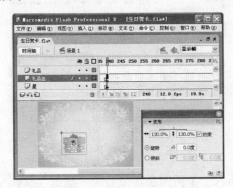

图 2-91 编辑"礼品盒"图形元件

（2）选中该图层的第 243 帧，插入关键帧，设置"礼品盒"图形元件的宽度为 100%，高度为 80%，创建补间动画；选中第 244 帧，插入普通帧，效果如图 2-92 所示。

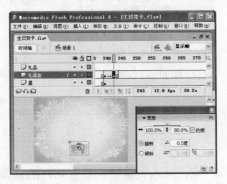

图 2-92 创建补间动画

（3）在"礼品盒"图层上方插入一个新图层，命名为"盒身"，选中第 245 帧，插入关键帧，将"盒身"图形元件从"库"中拖放在舞台上，效果如图 2-93 所示。

图 2-93　"盒身"图层

（4）选中该图层的第 248 帧，插入关键帧，设置元件的宽度和高度为 70%，创建补间动画；选中第 300 帧，插入普通帧，效果如图 2-94 所示。

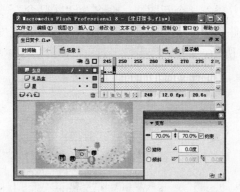

图 2-94　创建补间动画

（5）在"盒身"上方插入一个新图层，命名为"盒盖"，选中第 245 帧，插入关键帧，将"盒盖"图形元件从"库"中拖放在舞台上，效果如图 2-95 所示。

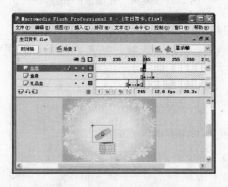

图 2-95　"盒盖"图层

（6）选中该图层的第 247 帧，插入关键帧，设置元件的宽度和高度为 142%，调整元件的位置，创建补间动画，效果如图 2-96 所示。

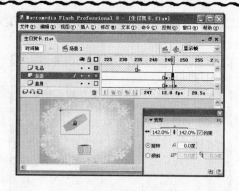

图 2-96 设置元件属性

（7）选中该图层的第 249 帧，插入关键帧，设置元件的宽度和高度为 250%，调整元件的位置，设置元件颜色属性的 Alpha 值为 0%，创建补间动画；选中第 300 帧，插入普通帧，效果如图 2-97 所示。

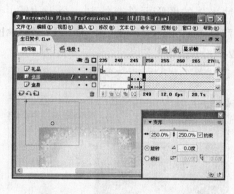

图 2-97 设置元件颜色属性

7．制作蛋糕动画

（1）在"盒盖"图层的上方插入一个新图层，命名为"蛋糕"，选中第 246 帧，插入关键帧，将"蛋糕 2"图形元件从"库"中拖放到舞台上，设置其宽度和高度值为 40%，效果如图 2-98 所示。

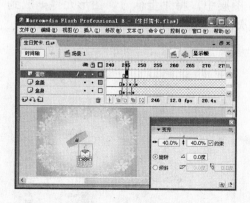

图 2-98 "蛋糕 2"图层

（2）选中该图层的第 250 帧，插入关键帧，设置元件的宽度和高度为 70%，创建补间动画，效果如图 2-99 所示。

图 2-99　创建补间动画

（3）制作"蛋糕动"影片剪辑元件。

① 创建一个名称为"烛光"的图形元件，绘制一个无边线并且半径为 112 像素的圆，填充放射状渐变色为#F7F77D（Alpha 为 20%）→#F2F137（Alpha 为 50%）→#FFFFFF（Alpha 为 0%），效果如图 2-100 所示。

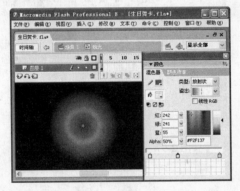

图 2-100　"烛光"图形元件

② 创建一个名称为"蛋糕动"的影片剪辑元件，插入五个新图层，从下到上分别命名为"烛光后"、"烛光前"、"蛋糕"、"烛火后"和"烛火前"，分别将"烛光"图形元件拖放到"烛光后"、"烛光前"图层中，将"蛋糕 1"图形元件拖放到"蛋糕"图层中，绘制烛光，放到"烛火后"、"烛火前"图层中，效果如图 2-101 所示。

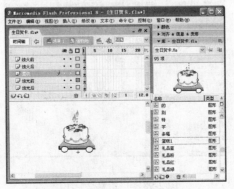

图 2-101　"蛋糕动"影片剪辑元件

③ 在各图层中插入关键帧，制作蛋糕左右摆动，烛火随之变形摆动的动画，烛火变形摆动效果如图 2-102 所示。

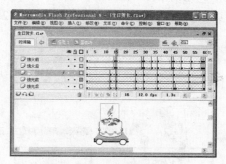

图 2-102 烛火变形摆动效果

（4）返回"场景 1"中，选中"蛋糕"图层的第 251 帧，按【F7】键，插入空白关键帧，将"蛋糕动"影片剪辑元件拖放到舞台上；选中第 300 帧，插入普通帧，蛋糕动画的最终效果如图 2-103 所示。

图 2-103 蛋糕动画的最终效果

五、制作第二场景动画

1．制作场景中的快乐天使动画

（1）创建一个名称为"girl 动"的影片剪辑元件。进入元件的编辑状态，将"快乐天使"影片剪辑元件拖放到舞台上，使用"任意变形"工具将元件的中心点调到元件的底部，效果如图 2-104 所示。

图 2-104 调整元件的中心点

（2）分别选中该层的第 10 帧和第 19 帧，插入关键帧，使用"任意变形"工具将第 1 帧中的元件逆时针旋转 6°，第 19 帧中的元件顺时针旋转 6°，复制第 10 帧，粘贴帧到第 29 帧，复制第 1 帧，粘贴帧到第 39 帧，创建补间动画，效果如图 2-105 所示。

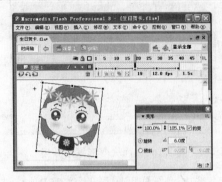

图 2-105　创建补间动画

（3）返回"场景 1"中，在"盒盖"图层的上方插入一个名称为"快乐天使"的图层，选中第 248 帧，插入关键帧，将"girl 动"影片剪辑元件拖放到舞台上，选中第 300 帧，插入普通帧，效果如图 2-106 所示。

图 2-106　设置"快乐天使"图层

2．制作条幅在场景中的动画

（1）创建一个名称为"happy"的影片剪辑元件。进入元件编辑状态，将"条幅"图形元件从"库"中拖放到舞台上，插入关键帧，制作条幅右中左摆动的效果，当条幅位于中间位置时稍微变大，创建补间动画，效果如图 2-107 所示。

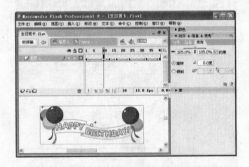

图 2-107　"happy"影片剪辑元件

（2）返回场景 1 中，在"快乐天使"图层上方插入一个名称为"happy"的图层，选中第 248 帧，插入关键帧，将"happy"影片剪辑元件从库中拖放到舞台上，选中第 300 帧，插入普通帧，效果如图 2-108 所示。

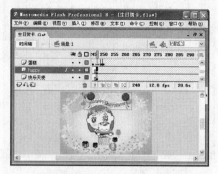

图 2-108　设置"happy"图层

3．制作彩片飞动画

（1）创建一个名称为"彩片飞"的影片剪辑元件。将"彩片 3"图形元件从"库"中拖放到舞台上；为"图层 1"添加一个运动引导层，使用"铅笔"工具绘制引导线（注意引导线的长度应不小于舞台的高度），将"彩片 3"图形元件移到引导线的上端，效果如图 2-109所示。

图 2-109　"彩片飞"影片剪辑元件

（2）选中运动引导层的第 95 帧，插入普通帧；选中"图层 1"的第 94 帧，插入关键帧，将"彩片 3"图形元件移到引导线的下端，创建补间动画；选中第 95 帧，插入关键帧，设置"彩片 3"图形元件颜色属性的 Alpha 值为 0%，效果如图 2-110 所示。

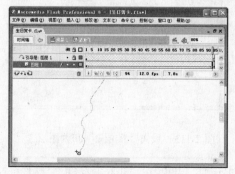

图 2-110　设置"彩片 3"图形元件

（3）利用同样的方法再制作两个彩片沿引导线运动的动画，效果如图 2-111 所示。

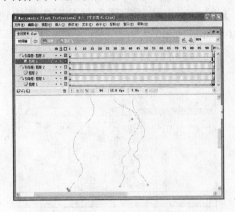

图 2-111　彩片沿引导层运动的动画

（4）创建一个名称为"彩片飞全"的影片剪辑元件，将"彩片飞"影片剪辑元件从"库"中拖放到舞台上，复制该元件，调整其位置及色调属性值；选中第 95 帧，插入普通帧，效果如图 2-112 所示。

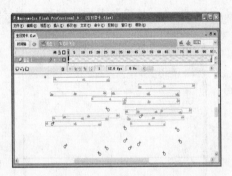

图 2-112　"彩片飞全"影片剪辑元件

（5）插入两个新图层，复制"图层 1"的所有帧到"图层 2"和"图层 3"中，并依次延迟 65 帧、80 帧，效果如图 2-113 所示。

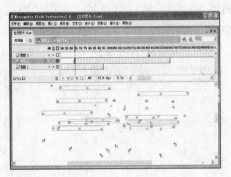

图 2-113　设置"图层 2"和"图层 3"

（6）返回"场景 1"中，在"happy"图层上方插入一个名称为"彩片飞"的图层，选中第 248 帧，插入关键帧，将"彩片飞全"影片剪辑元件从"库"中拖放到舞台上；选中第

300 帧，插入普通帧，效果如图 2-114 所示。

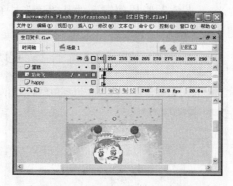

图 2-114 设置"彩片飞"图层

4．制作小兔跳舞动画

（1）创建一个名称为"小兔"的影片剪辑元件。重命名"图层 1"为"小兔 2"，将"小兔 2"图形元件从"库"中拖放到舞台上；插入一个新图层，命名为"小兔 1"，将"小兔 1"图形元件从"库"中拖放到舞台上；使用"任意变形"工具将两个元件的中心点调到底部中心的位置，效果如图 2-115 所示。

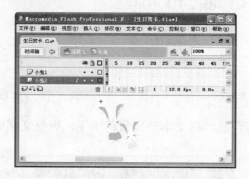

图 2-115 "小兔"影片剪辑元件

（2）分别选中两个图层的第 6 帧和第 13 帧，插入关键帧，使第 1 帧中的两只小兔沿逆时针方向旋转一定的角度，第 13 帧中的两只小兔沿顺时针方向旋转一定的角度，复制第 6 帧，粘贴帧到第 20 帧，复制第 1 帧，粘贴帧到第 27 帧，创建补间动画，效果如图 2-116 所示。

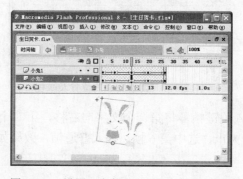

图 2-116 设置"小兔 1"和"小兔 2"图层

（3）返回"场景 1"中，在"彩片飞"图层上方插入一个名称为"小兔"的新图层，选中第 248 帧，插入关键帧，将"小兔"影片剪辑元件从"库"中拖放到舞台上，选中第 300 帧，插入普通帧，效果如图 2-117 所示。

图 2-117　设置"小兔"图层

5. 制作"生日快乐！"文字动画

（1）创建一个名称为"生日快乐"的影片剪辑元件。进入元件的编辑状态，输入文字"生日快乐！"，设置文本属性如图 2-118 所示。

图 2-118　设置"生日快乐"影片剪辑元件的文本属性

（2）按【Ctrl+B】组合键，将文本分离为单个字，调整文字的位置及颜色，效果如图 2-119 所示。

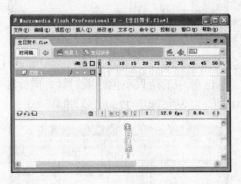

图 2-119　调整文字的位置及颜色

（3）选中第 4 帧插入关键帧，将第一个文字向右移，第二个文字向左移，这样交替移动，直到最后的一个叹号为止，选中第 6 帧，插入普通帧，效果如图 2-120 所示。

图 2-120 移动文字

（4）返回"场景 1"中，在"小兔"图层上方插入一个名称为"生日快乐"的新图层，选中第 248 帧，插入关键帧，将"生日快乐"影片剪辑元件从"库"中拖放到舞台上；选中第 300 帧，插入普通帧，效果如图 2-121 所示。

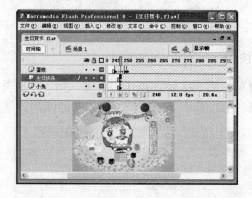

图 2-121 设置"生日快乐"图层

6. 制作底部矩形条动画

（1）在"场景 1"的"蛋糕"图层上方插入一个名称为"矩形"的新图层，选中第 285 帧，插入关键帧，绘制一个填充色为#FF6666 的矩形，效果如图 2-122 所示。

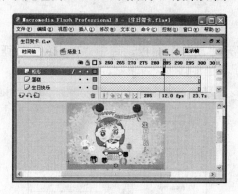

图 2-122 绘制矩形

（2）选中绘制的矩形，按【F8】键，将其转换为名称为"矩形"的图形元件，选中该图形元件，设置其"颜色"属性的"Alpha"值为"0%"；选中第 292 帧，插入关键帧，设置该图形元件"颜色"属性的"Alpha"值为"40%"，创建补间动画；选中第 300 帧，插入普通帧，效果如图 2-123 所示。

图 2-123　设置"矩形"图形元件

7．添加"Replay"按钮

（1）选中图层"按钮"的第 292 帧，按【F7】键，插入空白关键帧，将"Replay"按钮元件从"库"中拖放到舞台上，选中第 300 帧，插入普通帧，效果如图 2-124 所示。

图 2-124　设置"按钮"图层

（2）按【F9】键，打开"动作"面板，选中"Replay"按钮元件，为按钮添加动作脚本，效果如图 2-125 所示。

图 2-125　添加动作脚本

8. 添加其他脚本代码

（1）选中"action"图层的第 300 帧，插入关键帧，按【F9】键，打开"动作"面板，添加如图 2-126 所示的代码。

图 2-126 为"action"图层的第 300 帧添加的代码

（2）选中"action"图层的第 1 帧，添加如图 2-127 所示的代码。

图 2-127 为"action"图层的第 1 帧添加的代码

（3）选中"action"图层的第 240 帧，添加如图 2-128 所示的代码。

图 2-128 为"action"图层的第 240 帧添加的代码

9. 查看时间轴

时间轴总体效果如图 2-129 所示。

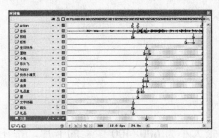

图 2-129 时间轴总体效果

任务六：文件的优化及发布

（1）执行"控制"→"测试影片"命令（或按 【Ctrl+Enter】 组合键）打开播放器窗口，即可观看动画，效果如图 2-130 所示。

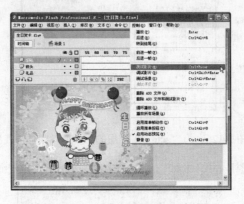

图 2-130 执行"测试影片"命令

（2）执行"文件"→"导出"→"导出影片"命令，弹出"导出影片"对话框，在"文件名"文本框中输入"生日贺卡"，"保存类型"选择"Flash 影片"，然后单击"保存"按钮进行保存即可，效果如图 2-131 所示。

图 2-131 "导出影片"对话框

拓展能力训练项目——友谊卡

一、项目任务

设计制作一张友谊卡。

二、客户要求

以礼物为主题，设计一张大小为 600×400 像素的卡片，寄托对朋友的关怀与思念。

三、关键技术

- 情景交融处理技法
- 动画节奏及时间控制

四、参考效果

友谊卡效果如图 2-132 所示。

图 2-132　友谊卡效果

思维开发训练项目

一、项目任务

请同学们根据本节的实训内容，自行设计一张 Flash 电子卡片。

二、参考项目

- 节日类（如新年、父亲节、母亲节、教师节、元旦、圣诞节、情人节等）
- 祝福类（如温馨祝福、友谊长存、梦想成真、放飞心情、工作顺心等）
- 爱情类（如爱的承诺、爱的等待、爱的表白、爱的记忆、爱的思念等）
- 问候类（如还好吗、安慰、常联系、想念你、邀请、一路顺风等）
- 主题类（如世界和平、纪念、奥运、世界杯等）

三、设计要求

主题鲜明，立意新颖，风格独特；卡片处处是真情的流露，词语贴切，情感动人；画面美观，动画流畅，音乐节奏与动画控制配合得当。

项目三　Flash 电子相册

情境导入

学生：老师，我在网上看到很多电子相册或动感影集都很漂亮，用 Flash 软件能不能把我们自己的照片也用这种方式保存起来呢？

老师：当然可以了，而且，你们可以根据自己照片的风格或照片中的人物来自主设计电子相册的风格。同时，你们也可以把自己的家人、朋友、同学等照片按类别分别进行设计，而且也可以放在同一个相册中。大家想一想，怎么才能设计一个既美观又实用的相册呢？

学生 1：我们可以在同一个 Flash 电子相册中用按钮来分别选择不同风格或不同人物的相册。

学生 2：我们也可以设计选项菜单进行选择。

老师：对，以上两位同学的说法都对，那么就让我们快快动起手来，一起来学习一下如何用 Flash 软件来为自己设计一个精美的电子相册吧。

学生：好呀，我们已经迫不及待了。

基本能力训练项目——"辰辰小屋"电子相册

任务一：客户需求及电子相册环节设定

一、客户需求

（1）制作一个儿童电子相册，相册尺寸为 500×400 像素。

（2）电子相册要存放一个小女孩的照片。

（3）相册最好能按照片的风格分类存放，并且设计不同的风格。

（4）电子相册应让客户有温暖、亲切的感觉，呈现一种温馨、漂亮的视觉效果。

二、环节设定

根据客户需求，本电子相册应设定四个主要场景，即前导动画场景、"春之舞"、"夏之恋"和"秋之韵"主题场景。

（1）电子相册前导动画场景，设定"春之舞"、"夏之恋"、"秋之韵"主题场景选择按钮，通过按钮选择想要欣赏的电子相册场景。

（2）"春之舞"主题场景，展示身着迷彩服的女孩英姿飒爽、欣喜欲舞的效果，通过单击"春之舞"按钮进入此主题场景。

（3）"夏之恋"主题场景，展示美丽的海滩和充满阳光的女孩，通过单击"夏之恋"按钮进入此主题场景。

（4）"秋之韵"主题场景，展示女孩的天真烂漫、可爱的一面，通过单击"秋之韵"按钮进入此主题场景。

同时，每个主题场景都设计了"返回"按钮。

三、儿童电子相册界面

儿童电子相册界面如图 3-1 所示。

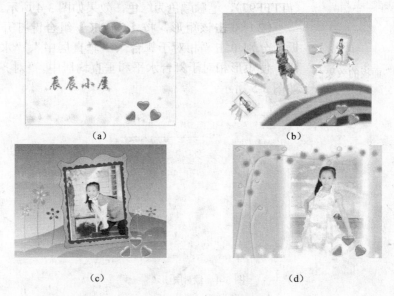

图 3-1　儿童电子相册界面

任务二：风格设计

一、准备工作

（1）新建一个 Flash 文件（ActionScript 2.0），设置舞台的大小为 500×400 像素，背景颜色为#FFFFFF，保存文件名为"Flash 电子相册.fla"，如图 3-2 所示。

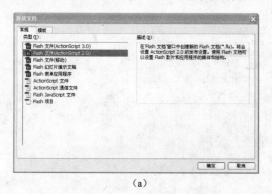

（a）　　　　　　　　　　　　　　　（b）

图 3-2　新建"Flash 电子相册.fla"

图 3-3 "库"面板的效果

（2）执行"文件"→"导入"→"导入到库"命令，在弹出的"导入到库"对话框中选择准备制作成电子相册的全部相片，单击"确定"按钮，所有照片就会被导入 Flash 库中，按【Ctrl+L】组合键打开"库"面板，效果如图 3-3 所示。

二、设计并制作儿童相册的前导页

（1）将图层更名为"场景遮罩"，选择"矩形"工具，在场景中画一个大小为 1280×800 的矩形，填充颜色为鹅黄色（#FFFF97），笔触颜色为绿色，效果如图 3-4 所示。

（2）双击该矩形，按【Ctrl+K】组合键打开"对齐"面板，分别单击"相对于舞台"、"垂直居中"、"水平居中"按钮，使矩形相对于舞台水平和垂直均居中。"对齐"面板操作如图 3-5 所示。

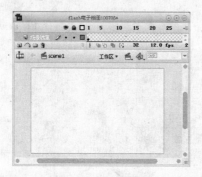

图 3-4 绘制矩形

（3）选中矩形边框，分别单击"对齐"面板中的"相对于舞台"、"匹配宽和高"、"垂直居中"、"水平居中"按钮，"对齐"面板效果如图 3-6 所示。

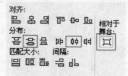

图 3-5 "对齐"面板操作

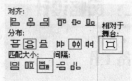

图 3-6 "对齐"面板效果

（4）场景中矩形的效果如图 3-7 所示。

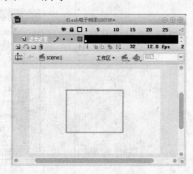

图 3-7 矩形效果

（5）选中绿色矩形框的中央部分，按【Delete】键将其删除，效果如图 3-8 所示。

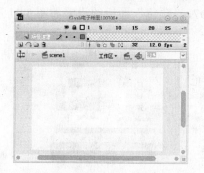

图 3-8　删除矩形的中央部分

（6）锁定"场景遮罩"图层并在其下方插入一个图层，命名为"前导页"。选择"椭圆"工具，将填充颜色设为无，笔触颜色设为任意，在场景中绘制几个相交的圆，使其外轮廓线形成漂亮的云的形状，效果如图 3-9 所示。

图 3-9　绘制相交的圆

（7）使用"选择"工具选中内部的线条并按【Delete】键将其删除，只保留外轮廓线，并使用"选择"工具对线条进行适当的调整，使云的形状更美观，效果如图 3-10 所示。

图 3-10　调整圆的轮廓线

（8）选择"油漆桶"工具，按【Shift+F9】组合键打开"颜色"面板，将"类型"设置为"放射状",然后将颜色指针滑块的值从左至右依次设置为#EE66B8、#E949DA、#F545E4、#F394D8、#EC13D7,"颜色"面板的设置如图3-11所示。

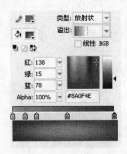

图 3-11 "颜色"面板的设置

（9）使用"油漆桶"工具将云彩轮廓线内部填充上颜色,并使用"渐变变形"工具对所填充的颜色进行适当的调整,效果如图3-12所示。

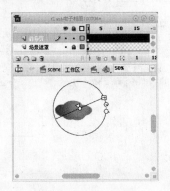

图 3-12 填充颜色

（10）使用"选择"工具将云彩的轮廓线选中并按【Delete】键将其删除,双击选中该云彩,按【F8】键打开"转换为元件"对话框,选择"影片剪辑"选项,并命名为"紫云动画",效果如图3-13所示。

图 3-13 "紫云动画"影片剪辑元件

（11）选中"紫云动画"元件后,按【Ctrl+F3】组合键打开"属性"面板,将元件的

Alpha 值设为 79%，使其处于些许透明状态，"属性"面板的设置如图 3-14 所示。

图 3-14 "属性"面板的设置

（12）选中"紫云动画"元件，按【Ctrl+F3】组合键打开"属性"面板，选择"滤镜"选项卡，添加"发光"效果，并将模糊值设为 45，颜色设为淡粉色，如图 3-15 所示。

图 3-15 添加滤镜效果

（13）添加投影效果，将颜色设为白色，其他保持默认值，如图 3-16 所示。

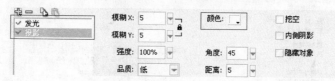

图 3-16 添加投影效果

（14）双击"紫云动画"元件进入其编辑场景，选中紫云后将其转换为影片剪辑元件，并命名为"紫云"，将元件移动到场景左侧之外，效果如图 3-17 所示。

图 3-17 "紫云"影片剪辑元件

（15）在"紫云动画"编辑场景中"图层 1"的第 240 帧处插入关键帧，将"紫云"影片剪辑元件移动到场景右侧之外，效果如图 3-18 所示。

图 3-18　移动"紫云"影片剪辑元件

（16）使用"选择"工具选取图层第 1～240 帧中间的某一帧，单击鼠标右键，在弹出的快捷菜单中选择"创建补间动画"选项，完成紫云运动动画的制作，效果如图 3-19 所示。

图 3-19　创建补间动画

（17）按照上面的方法分别制作"蓝云动画"、"黄云动画"、"绿云动画"，效果如图 3-20 所示。

图 3-20　制作其他云的动画

（18）在"前导页"图层之上新建"星星"图层，选择"多角星形"工具，并单击"属性"面板上的"选项"按钮，在弹出的"工具设置"面板中设置"样式"为"星形"，"边数"为"4"，"星形"顶点大小为"0.50"，然后单击"确定"按钮，"工具设置"面板的设置如图 3-21 所示。

（19）将填充颜色设为鹅黄色（#F5E7AB），然后运用"多角星形"工具在"星星"图层中绘制一个小星星，效果如图 3-22 所示。

图 3-21　"工具设置"面板的设置　　　　　　　图 3-22　绘制小星星

（20）选中星星，将其转换为影片剪辑元件，并命名为"星星动画"。双击"星星动画"元件进入其编辑场景，选中小星星后将其转换为影片剪辑元件，并命名为"星"，在"星星动画"编辑场景中的"图层 1"的第 80 帧处插入关键帧，然后将第 1 帧的小星星移到场景的上方，将第 80 帧的小星星移到场景的下方。选中第 1～80 帧中间的任意一帧，单击鼠标右键，在弹出的快捷菜单中选择"创建补间动画"选项，效果如图 3-23 所示。

（21）双击该场景的空白区域返回 scene1 场景，选中"星星动画"元件，按【Ctrl+F3】组合键打开"属性"面板，选择"滤镜"选项卡，单击选项卡左上角的"+"号，在弹出的下拉菜单中选择"发光"选项，如图 3-24 所示。

图 3-23　编辑"星星动画"影片剪辑元件　　　　　图 3-24　选择"发光"选项

（22）设置发光滤镜效果的模糊 X 值为 21，模糊 Y 值为 21，颜色为淡粉色（#FFCCCC），如图 3-25 所示。

（23）按照上述方法再为"星星动画"元件添加白色发光滤镜效果，如图 3-26 所示。

图 3-25　设置淡粉色发光滤镜效果

图 3-26　添加白色发光滤镜效果

（24）使用"选取"工具选中"星星动画"元件，按住【Ctrl】键的同时向旁边拖动"星星动画"元件，在场景中将生成一个"星星动画"元件的副本，效果如图 3-27 所示。

图 3-27　"星星动画"元件的副本

（25）使用"选取"工具选中"星星动画"元件的副本，按【Ctrl+F3】组合键打开"属性"面板，设置"颜色"属性为"色调"，RGB 的值为"51，255，153"，色彩数量为"18%"，则"星星动画"元件副本的颜色变为绿色，具体设置如图 3-28 所示。

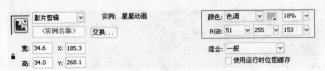

图 3-28　设置"星星动画"元件的副本

（26）按照上述方法生成多个五颜六色的"星星动画"元件的副本，并全部放置在场景 scene1 的舞台上方，具体效果如图 3-29 所示。

图 3-29　生成多个"星星动画"元件的副本

（27）在"星星"图层之下新建图层并命名为"泡泡"，选择"椭圆"工具，按【Shift+F9】组合键打开"颜色"面板，设置笔触颜色值为#F5E7AF，填充颜色类型为放射性，颜色指针滑块的值从左至右依次为#F2CD95、#F5E7AB、#F7EABB、#F8E4BA，在"泡泡"图层中绘制一个圆，并利用"渐变变形"工具调整圆的填充色，然后选择"直线"工具，将笔触颜色设为白色，笔触高度设为 6，在刚刚绘制的圆上分别绘制一条短线和一个点，形成高光效果，具体效果如图 3-30 所示。

图 3-30　绘制圆

（28）选中刚刚绘制的圆，将其转换为影片剪辑元件，并命名为"泡泡"，然后选中"泡泡"元件，在"属性"面板中将颜色的 Alpha 值设为 56%，如图 3-31 所示。

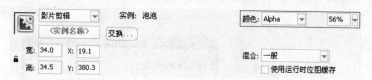

图 3-31　设置圆的颜色

（29）将"泡泡"元件复制生成多个副本，使用"任意变形"工具将"泡泡"元件的副本调整为大小不一的元件，并适当进行旋转，放置在场景中的适当位置，具体效果如图 3-32 所示。

图 3-32　复制多个"泡泡"元件

（30）在"泡泡"图层之上新建"心形"图层，并使用"直线"工具，绘制心形图案，效果如图 3-33 所示。

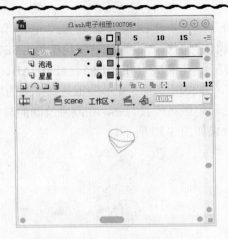

图 3-33　绘制心形图案

（31）选中心形图案的全部线条，将笔触颜色设置为玫粉色（#FD139F），选择"油漆桶"工具，打开"颜色"面板，设置填充类型为线性，颜色指针滑块的颜色值从左至右依次为#FBD0DD、#EF4B7D、#ED4E7E、#DC1B68，然后对心形的上半部分进行填充，最后使用"颜色渐变变形"工具对心形的颜色进行调整，"颜色"面板及心形上半部分填充后的效果如图 3-34 所示。

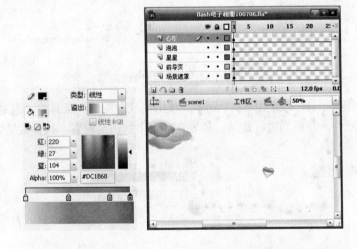

图 3-34　"颜色"面板及心形上半部分填充后的效果

（32）设置填充类型为线性，颜色指针滑块的颜色值从左至右依次为#E5006B、#E70470，然后对心形的中间部分进行填充，最后使用"颜色渐变变形"工具对心形中间部分填充的颜色进行调整，"颜色"面板及心形中间部分填充后的效果如图 3-35 所示。

（33）设置填充类型为线性，颜色指针滑块的颜色值从左至右依次为#FC67A1、#E7378A，然后对心形的下半部分进行填充，最后使用"颜色渐变变形"工具对心形下半部分填充的颜色进行调整，"颜色"面板及心形下半部分填充后的效果如图 3-36 所示。

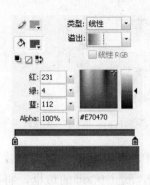

图 3-35　"颜色"面板及心形中间部分填充后的效果

图 3-36　"颜色"面板及心形下半部分填充后的效果

（34）双击心形的边框，设置笔触颜色为深粉色（#C6136F），然后将心形内部的线条删除，效果如图 3-37 所示。

图 3-37　删除心形内部的线条

（35）双击选中心形，按【F8】键将其转换为按钮元件，并命名为"心按钮 1"，"转换为元件"对话框如图 3-38 所示。

图 3-38　"转换为元件"对话框

（36）进入"心按钮 1"元件的编辑状态，选中心形，将其转换为影片剪辑元件，并命名为"心按钮 11"，双击该元件，进入其编辑状态，选中心形的边框，将其设置为白色，效果如图 3-39 所示。

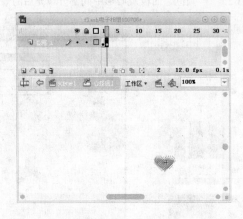

图 3-39　编辑"心按钮 11"

（37）进入"心按钮 1"元件的编辑状态，在"指针经过"及"按下"帧插入关键帧，效果如图 3-40 所示。

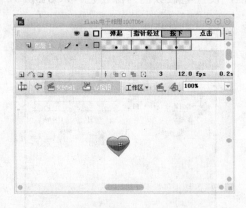

图 3-40　编辑"心按钮 1"

（38）在"点击"帧插入关键帧，并绘制一个能完全能覆盖住心形的矩形反映区，效果如图 3-41 所示。

（39）在场景 scene1 中，将场景底色设为"粉色"，然后进入"心按钮 1"元件的编辑场景，选择"指针经过"关键帧，双击选中心形图案后按【Ctrl+G】组合键将其组合，然后为心形绘制两个漂亮的白色翅膀，效果如图 3-42 所示。

图 3-41　绘制矩形反映区

图 3-42　绘制白色翅膀

（40）在"图层 1"之上新建一个图层，在"指针经过"帧插入关键帧，选择"文本"工具，设置静态文本的字体为"华文行楷"，字号为"23"，颜色为"水蓝色"（#99CCFF），"文本"工具的属性设置如图 3-43 所示。

图 3-43　"文本"工具的属性设置

（41）在舞台上的适当位置添加文字"夏之恋"，效果如图 3-44 所示。

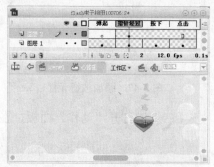

图 3-44　添加文字"夏之恋"

（42）选择"图层 1"的"按下"帧，将心形各部分的颜色重新进行设置，效果如图 3-45 所示。

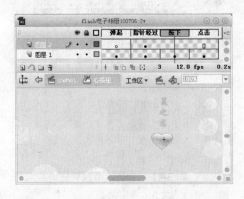

图 3-45　重新设置心形各部分的颜色

（43）返回场景 scene1 中，选中"心按钮 1"元件，将其设置为发光滤镜效果，模糊 X 的值为 10，模糊 Y 的值为 12，颜色设置为玫粉色，"滤镜"面板的设置如图 3-46 所示。

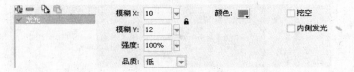

图 3-46　"滤镜"面板的设置

（44）按照上面的方法再分别制作"心按钮 2"、"心按钮 3"两个按钮元件，其中"心按钮 2"元件的"鼠标经过"帧与"鼠标按下"帧中的文字是"春之舞"，"心按钮 3"元件的"鼠标经过"帧与"鼠标按下"帧中的文字是"秋之韵"，然后将三个按钮摆放到场景中的适当位置，效果如图 3-47 所示。

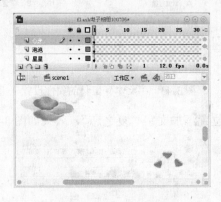

图 3-47　添加按钮元件

（45）选中"心按钮 1"，按【F9】键打开"动作"面板，在编辑窗口中输入如下代码。

```
on(release){
  gotoAndPlay("scene3",1);
}
```

（46）选中"心按钮 2"，按【F9】键打开"动作"面板，在编辑窗口中输入如下代码。

```
on(release){
  gotoAndPlay("scene2",1);
}
```

（47）选中"心按钮 3"，按【F9】键打开"动作"面板，在编辑窗口中输入如下代码。

```
on(release){
  gotoAndPlay("scene4",1);
}
```

（48）在 scene1 场景中，新建图层"文字"，在此图层中添加文字"辰辰小屋"，放置在适当的位置，设置其字体为楷体，字号为 57，颜色为玫粉色，选中这四个字，连续按两次【Ctrl+B】组合键将文字打散为矢量图形，然后选择"墨水瓶"工具，将笔触颜色设为黄色，为这四个文字描边，效果如图 3-48 所示。

图 3-48　添加并设置文字"辰辰小屋"

三、设计并制作儿童相册的"夏之恋"背景

（1）打开"插入"菜单，选择"场景"子菜单，插入场景 2，按【Alt+F3】组合键打开"影片浏览器"，双击"场景 2"，将其更名为"scene2"，如图 3-49 所示。

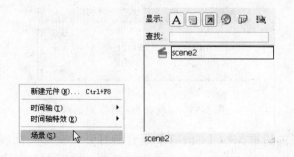

图 3-49　插入场景 scene2

（2）在场景 scene2 中，按【Ctrl+F8】组合键新建元件，弹出"创建新元件"对话框，在"名称"栏输入"背景 1"，"类型"选择"影片剪辑"，效果如图 3-50 所示，单击"确

定"按钮,进入"背景1"元件的编辑窗口。

图 3-50　"创建新元件"对话框

（3）将元件中的"图层 1"更名为"底色",然后选择"矩形"工具,设置笔触颜色为无,填充颜色为#FA8DDA,绘制一个矩形,设置宽为 550,高为 400,然后选中该矩形,按【Ctrl+K】组合键打开"对齐"面板,选择相对于舞台水平居中,垂直居中,效果如图 3-51 所示。

（4）新建图层,并命名为"像框",选择"矩形"工具,设置笔触颜色为#00FF00,填充颜色为#FFFFFF,绘制一个矩形,设置宽为 293.4,高为 443,然后选中该矩形,设置属性 X 值为–85,Y 值为–165.3,效果如图 3-52 所示。

图 3-51　绘制矩形底色

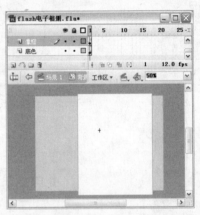

图 3-52　绘制矩形像框

（5）选中该矩形,按【F8】键,打开"转换为元件"对话框,在"名称"栏输入"像框1","类型"设置为"影片剪辑"。

图 3-53　"转换为元件"对话框

（6）选中该矩形的边框,按【Ctrl+T】组合键打开"变形"面板,选中"约束"复选框,并把宽度或长度分别设为 80%,然后单击"复制并应用变形"按钮,"变形"面板的设置如图 3-54（a）所示,设置后的效果如图 3-54（b）所示。

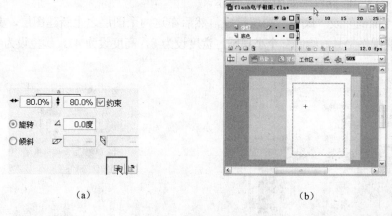

（a）　　　　　　　　　　　（b）

图 3-54　编辑矩形像框

（7）双击选中白色矩形框的中央部分，按【Delete】键删除内部的矩形，选择矩形框的外边线，按【Delete】键将其删除，具体效果如图 3-55 所示。

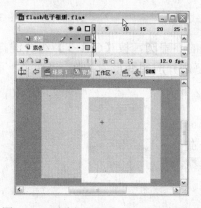

图 3-55　删除矩形框内的矩形及外边线

（8）选中"像框"图层中的"像框 1"元件，为其添加发光滤镜效果，设置模糊 X 的值为 20，模糊 Y 的值为 20，颜色为#FFFFFF，其他值默认，如图 3-56 所示。

图 3-56　为"像框 1"添加发光滤镜效果

（9）为"像框 1"元件添加模糊滤镜效果，设置模糊 X 的值为 36，模糊 Y 的值为 36，颜色为#FFFFFF，其他值默认，如图 3-57 所示。

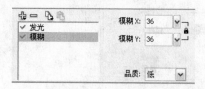

图 3-57　为"像框 1"添加模糊滤镜效果

（10）设置后的像框效果如图 3-58 所示。

（11）将"像框"及"底色"图层锁定，然后在这两个图层之上新建图层，并命名为"花边"，选择"椭圆"工具，绘制一个小扁圆，宽度设为 8，高度设为 47，颜色设为#FF33CC，效果如图 3-59 所示。

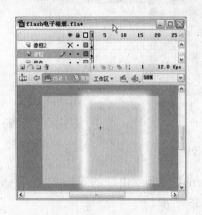

图 3-58　设置后的像框效果　　　　　　　　　图 3-59　绘制小扁圆

（12）选中刚刚绘制完毕的小扁圆，按【Ctrl+T】组合键打开"变形"面板，设置旋转角度为 30°，单击 5 次"复制并应用变形"按钮，"变形"面板的设置如图 3-60（a）所示，生成的小花如图 3-60（b）所示。

（a）　　　　　　　　　　　　（b）

图 3-60　编辑小扁圆

（13）全选刚刚生成的小花，按【F8】键打开"转换为元件"对话框，选择"影片剪辑"类型，命名为"花"。选中"花"元件，先后设置其发光滤镜、模糊滤镜、发光滤镜、投影滤镜效果，使"花"元件产生一种朦胧的美感，具体设置如图 3-61 所示。

图 3-61　设置"花"元件的滤镜效果

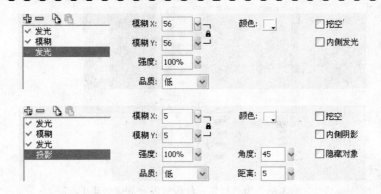

图 3-61　设置"花"元件的滤镜效果（续）

　　（14）选择"铅笔"工具，设置笔触高度为 1，颜色为粉色（#FF33CC），绘制如图 3-62 所示的线条。

　　（15）使用"选取"工具复制该线条的前端卷曲部分，并通过移动、旋转等操作将其摆放在该线条相应的位置，如图 3-63 所示。

图 3-62　绘制线条　　　　　　　　　　　　　　图 3-63　编辑线条

　　（16）使用"直线"工具绘制树干，并反复使用"选取"工具复制图 3-62 中所绘线条的前端卷曲部分，通过移动、旋转等操作绘制树，具体效果如图 3-64 所示。

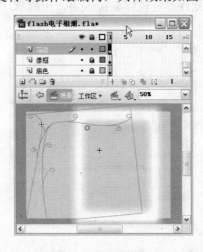

图 3-64　绘制树

　　（17）将树全选后，按【F8】键，将其设置为"影片剪辑"类型，并命名为"树"，然后打开"属性"面板，为影片剪辑"树"元件设置发光滤镜效果，模糊 X 和模糊 Y 的值分别设为 14，颜色设为粉色（#FF00CC），其他值默认，具体设置如图 3-65 所示。

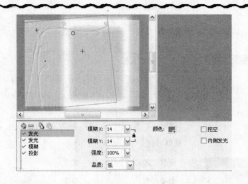

图 3-65　为"树"元件设置发光滤镜效果 1

（18）再为影片剪辑"树"元件设置发光滤镜效果，模糊 X 和模糊 Y 的值分别设为16，颜色设为#FFFFFF，其他值默认，具体设置如图 3-66 所示。

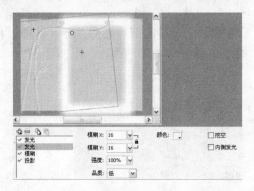

图 3-66　为"树"元件设置发光滤镜效果 2

（19）为影片剪辑"树"元件设置模糊滤镜效果，模糊 X 和模糊 Y 的值分别设为 2，其他值默认，具体设置如图 3-67 所示。

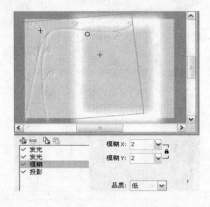

图 3-67　为"树"元件设置模糊滤镜效果

（20）为影片剪辑"树"元件设置投影滤镜效果，模糊 X 和模糊 Y 的值分别设为 5，颜色设为白色（#FFFFFF），其他值默认，具体设置如图 3-68 所示。

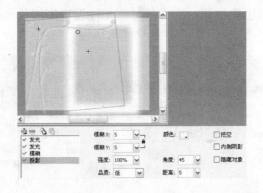

图 3-68 为"树"元件设置投影滤镜效果

（21）按【Ctrl+L】组合键打开"库"面板，把"花"元件放在"树"元件周围的适当位置，并调整其大小，同时用鼠标拖曳设置好的"花"元件，形成多个"花"元件副件，并调整其位置及大小，摆出你所喜欢的造型，参考效果如图 3-69 所示。

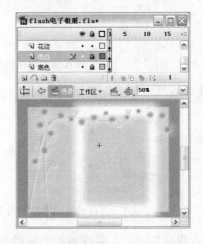

图 3-69 复制"花"元件并摆放造型

（22）新建图层，并命名为"花边 1"，同时将其他图层锁定，在图层"花边 1"中新建元件"花 1"，在元件"花 1"的第 1 帧中添加"花"元件，并放置在中心位置，选中"花"元件后按【Ctrl+B】组合键将其打散，然后为其绘制花径，并放置在场景中下侧的适当位置，效果如图 3-70 所示。

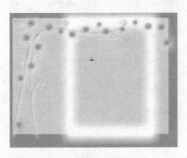

图 3-70 绘制花径

（23）为了使画面颜色更协调，将"花 1"元件设置为白色（#FFFFFF），具体设置如图 3-71 所示。

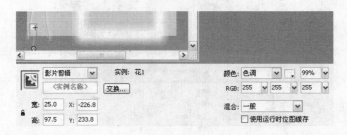

图 3-71　设置"花 1"元件的颜色

（24）为"花 1"元件设置发光滤镜效果，具体设置如图 3-72 所示。

图 3-72　为"花 1"元件设置发光滤镜效果

（25）为"花 1"元件设置模糊滤镜效果，具体设置如图 3-73 所示。

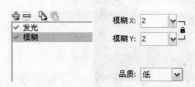

图 3-73　为"花 1"元件设置模糊滤镜效果

（26）在场景中多次复制"花 1"元件，并摆放在相应的位置，同时设置其大小，参考效果如图 3-74 所示。

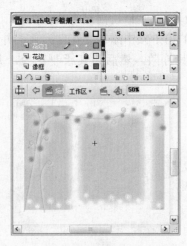

图 3-74　复制"花 1"元件

（27）为了点缀画面，在"像框"图层的上面新建图层，并命名为"树叶"，在此图层中绘制"树叶"影片剪辑元件，颜色设为翠绿色（#99FF00），效果如图 3-75 所示。

图 3-75　绘制"树叶"影片剪辑元件

（28）双击舞台返回"背景 1"元件中，为"树叶"影片剪辑元件设置发光滤镜效果，具体设置如图 3-76 所示。

图 3-76　为"树叶"元件设置发光滤镜效果

（29）利用复制、旋转等操作生成多个大小不一的树叶，并将树叶放置在适当的位置，参考效果如图 3-77 所示。

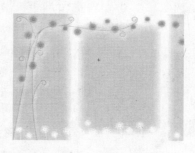

图 3-77　绘制多个树叶

四、设计并制作儿童相册的"星光闪耀"背景

（1）打开"插入"菜单，选择"场景"子菜单，插入"场景 3"，按【Alt+F3】组合键打开"影片浏览器"，双击"场景 3"，将其更名为"scene3"，具体操作如图 3-78 所示。

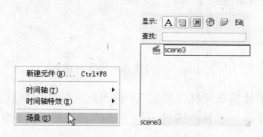

图 3-78　插入场景 scene3

（2）在场景 scene3 中，按【Ctrl+F8】组合键新建元件，弹出"创建新元件"对话框，在"名称"栏输入"背景2"，"类型"选择"影片剪辑"，效果如图3-79所示，单击"确定"按钮，进入"背景2"元件的编辑窗口。

图 3-79 "创建新元件"对话框

（3）将"背景2"元件中的"图层1"更名为"底色"，然后选择"矩形"工具，设置笔触颜色为无，按【Ctrl+F9】组合键打开"颜色"面板，选择"类型"为"线性"，将左侧颜色滑块的颜色值设为#74CCF1，右侧颜色滑块的颜色值设为#E8FDFA，颜色滑块的位置如图3-80所示。

（4）使用"选择"工具，在"底色"图层的第1帧绘制一个矩形，设置宽为550，高为400，然后选中该矩形，按【Ctrl+K】组合键打开"对齐"面板，选择相对于舞台水平居中，垂直居中，效果如图3-81所示。

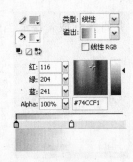

图 3-80 颜色滑块的位置

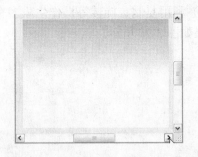

图 3-81 绘制矩形

（5）在"底色"图层之上新建"彩虹"图层，使用"椭圆"工具在"彩虹"图层中随意绘制一个圆，双击将其选中，按【F8】键打开"转换为元件"对话框，命名为"彩虹"，单击"确定"按钮，如图3-82所示。

图 3-82 "转换为元件"对话框

（6）在场景中双击影片剪辑元件"彩虹"，进入此元件的编辑状态，把步骤（5）中绘制的圆删除，然后使用"线条"工具在场景中的适当位置绘制一道封闭的彩虹线条轮廓，参考效果如图3-83所示。

（7）使用"油漆桶"工具，为彩虹轮廓填充美丽的彩虹颜色，效果如图3-84所示。

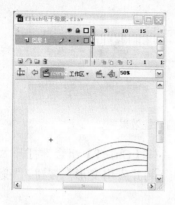

图 3-83 绘制彩虹线条轮廓

图 3-84 填充彩虹颜色

（8）使用"选择"工具，双击彩虹的轮廓线条将其选中，按【Delete】键删除，效果如图 3-85 所示。

图 3-85 删除彩虹的轮廓线

（9）双击舞台返回"背景 2"元件的编辑状态，选中"彩虹"元件，设置发光滤镜效果，模糊 X 值设为 21，模糊 Y 值设为 21，颜色设为红色（#FF0000），效果如图 3-86 所示。

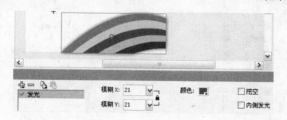

图 3-86 为"彩虹"元件设置发光滤镜效果

（10）设置影片剪辑元件"彩虹"的模糊滤镜效果，模糊 X 值设为 8，模糊 Y 值设为 8，具体设置如图 3-87 所示。

（11）新建图层并命名为"星"，使用"矩形（多角星形）"工具绘制一个蓝色（#33CCFF）的星形，然后选择所绘制的星形，按【Ctrl+F8】组合键将其转换为元件，并命名为"星 1"，效果如图 3-88 所示。

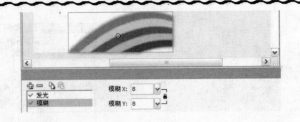

图 3-87　为"彩虹"元件设置模糊滤镜效果

（12）双击影片剪辑元件"星 1"，进入其编辑状态，按【Ctrl+T】组合键打开"变形"面板，选中星形，在"变形"面板中进行设置后单击"复制并应用变形"按钮，"变形"面板参数的设置及效果如图 3-89 所示。

图 3-88　绘制"星 1"元件　　　　　　　　　图 3-89　"变形"面板参数的设置及效果

（13）选择"直线"工具为星形绘制拖尾，效果如图 3-90 所示。

（14）按【Shift+F9】组合键打开"颜色"面板，将填充色的类型设置为线性渐变，两个颜色滑块的颜色为半色渐变，其值分别为#1FC1E9、#D6F7FE，然后选择"油漆桶"工具为星形填充颜色，并选择"渐变变形"工具对填充的颜色进行调整，效果如图 3-91 所示。

图 3-90　为星形绘制拖尾　　　　　　　　　图 3-91　为星形填充颜色

（15）双击影片剪辑元件"星 1"，进入其编辑状态，复制该星形，然后在影片剪辑元件"背景 2"中新建影片剪辑元件"星 2"，在元件"星 2"中粘贴刚刚复制的星形，然后使用

"油漆桶"及"渐变变形"工具填充颜色并对填充颜色进行调整，双击舞台返回元件"背景2"的编辑状态，适当调整星形的位置及大小，效果如图 3-92 所示。

（16）按照相同方法设计制作各种颜色的五角星或星形，并摆放至合适的位置，具体效果如图 3-93 所示。

图 3-92　绘制"星 2"元件

图 3-93　绘制多个五角星或星形

（17）在元件"背景 2"中的所有图层之上新建"像框"图层，然后在此图层中使用"矩形"工具绘制矩形，设置宽为 226，高为 308，颜色为蓝色（#66CCFF）并将其转换为影片剪辑元件"像框"。双击"像框"元件进入其编辑状态，选中此矩形后打开"变形"面板进行设置，复制生成一个大小为原像框 1.3 倍的矩形，然后使用"油漆桶"工具为两个矩形的中间部分填充颜色，最后使用"任意变形"工具与"选取"工具调整其倾斜角度及具体位置，效果如图 3-94 所示。

（18）双击舞台返回"背景 2"元件的编辑状态，把"像框"影片剪辑元件复制两个，在完成旋转及缩小操作后摆放至适当的位置，具体效果如图 3-95 所示。

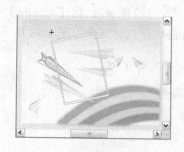

图 3-94　绘制"像框"元件

图 3-95　复制"像框"元件

（19）选中中间的大像框，为其设置发光滤镜效果，模糊 X 值设为 27，模糊 Y 值设为 27，颜色设为黄色（#FFFF00），参考效果如图 3-96 所示。

（20）选中右侧的小像框，为其设置发光滤镜效果，模糊 X 值设为 17，模糊 Y 值设为 17，颜色设为蓝色（#3399FF），参考效果如图 3-97 所示。

（21）选中左侧的小像框，为其设置发光滤镜效果，模糊 X 值设为 27，模糊 Y 值设为 27，颜色设为蓝色（#FF6699），参考效果如图 3-98 所示。

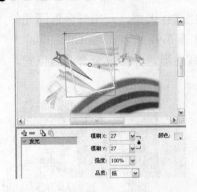 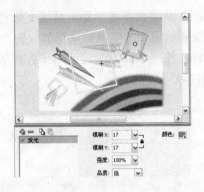

图 3-96　为中间的大像框设置发光滤镜效果　　图 3-97　为右侧的小像框设置发光滤镜效果

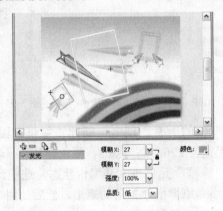

图 3-98　为左侧的小像框设置发光滤镜效果

五、设计并制作儿童相册的"花之语"背景

（1）打开"插入"菜单，选择"场景"子菜单，插入"场景 4"，按【Alt+F3】组合键打开"影片浏览器"，双击"场景4"，将其更名为"scene4"，具体操作如图 3-99 所示。

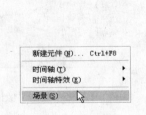

图 3-99　插入场景 scene4

（2）在场景 scene4 中，将"图层 1"命名为"背景 3"，然后在该图层的场景中使用"矩形"工具绘制一个矩形，设置宽为 550，高为 400，颜色类型为放射状，颜色设为草绿色（#B6E45F），其中左侧颜色滑块的 Alpha 值设为 57%，"颜色"面板的设置如图 3-100 所示。

（3）图层及场景的效果如图 3-101 所示。

（4）双击选中该绿色矩形，然后按【F8】键，弹出"转换为元件"对话框，在名称栏输入"背景 3"，"类型"选择"影片剪辑"，如图 3-102 所示。

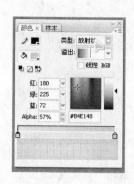

图 3-100　"颜色"面板的设置

图 3-101　图层及场景的效果

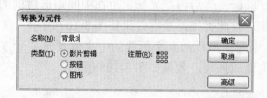

图 3-102　"转换为元件"对话框

（5）单击"确定"按钮，进入"背景 3"元件的编辑窗口，将"图层 1"的名称改为"底色"，然后新建图层并命名为"镜框"；选择"矩形"工具，按【Shift+F9】组合键打开"颜色"面板，笔触颜色类型选择纯色（#996600），填充颜色类型为线性渐变，两个颜色滑块的色值分别为#D8E9F3、#758EF0，"颜色"面板的设置如图 3-103 所示。

（6）使用"矩形"工具在"镜框"图层的场景中绘制镜框的内框，在此镜框中央双击鼠标，全选该镜框后，按【Ctrl+F8】组合键将其转换为元件，并命名为"4-1 镜框"，效果如图 3-104 所示。

图 3-103　"颜色"面板的设置

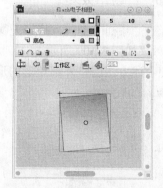

图 3-104　绘制"4-1 镜框"元件

（7）双击元件"4-1 镜框"进入其编辑状态，选中该矩形边框，按【Ctrl+T】组合键打开"变形"面板，选中"约束"复选框，然后将宽度或高度设为 110%（另一个值将自动变化），然后单击两次"复制并应用变形"按钮，"变形"面板的设置如图 3-105 所示。

（8）在场景中的镜框外部将生成两个等比放大的矩形，效果如图 3-106 所示。

图 3-105　"变形"面板的设置　　　　　图 3-106　生成两个等比放大的矩形

（9）按住【Ctrl】键的同时把光标定位在中间矩形的边框上，按鼠标左键向内拖动至适当位置，形成折线后松开鼠标，然后再把光标定位在中间矩形边框的下一个位置，用鼠标向相反的方向拖动形成折线，以此类推，最终效果如图 3-107 所示。

（10）将光标定位在中间矩形框的某个折线的中央位置向某一方向拖动，形成弧线，以此类推，将所有的折线均调成弧线，效果如图 3-108 所示。

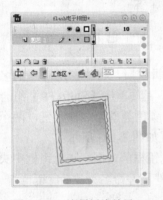

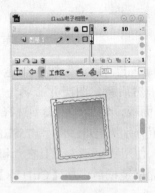

图 3-107　绘制折线效果　　　　　　　图 3-108　绘制弧线效果

（11）选择"油漆桶"工具，将填充颜色的值设置为#993300，为花边与内矩形之间的区域填充颜色，效果如图 3-109 所示。

（12）按照上述方法调整外部矩形的形状，效果如图 3-110 所示。

图 3-109　填充颜色　　　　　　　　　图 3-110　调整外部矩形的形状

（13）选择"油漆桶"工具，按【Shift+F9】组合键打开"颜色"面板，将填充类型设置为放射状，左侧滑块的颜色设为黄色（#EFEE3A），中间滑块的颜色设为亮黄（#E1F523），右侧滑块的颜色设为橘色（#DA7A1D），效果如图 3-111 所示。

（14）使用"油漆桶"工具为外矩形与中间矩形之间的区域填充橘黄渐变的颜色，然后选择"渐变变形"工具适当调整填充颜色的效果，如图 3-112 所示。

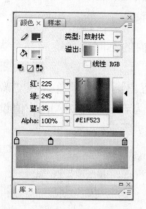

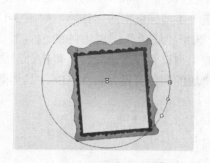

图 3-111　"颜色"面板的设置 　　　　　图 3-112　填充并调整颜色

（15）选择"直线"工具，将笔触颜色设为白色，笔触高度设为 2.75，效果如图 3-113 所示。

图 3-113　"直线"工具属性的设置

（16）使用"直线"工具在镜面上绘制两条直线，使镜面显示出立体感，效果如图 3-114 所示。

图 3-114　绘制直线

（17）选择"刷子"工具，将笔触颜色设为白色，Alpha 值设为 35%，平滑值设为 20，效果如图 3-115 所示。

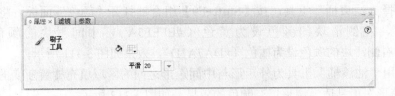

图 3-115　"刷子"工具属性的设置

（18）通过调整不同的场景显示比例，在场景中镜框内的不同位置绘制几个大小不一的圆点，以进一步增强镜框的立体感，如图 3-116 所示。

（19）选中"底色"图层中的绿色背景，将其变为蓝白渐变的颜色，在"颜色"面板中，将填充类型设为线性渐变，左侧指针滑块的颜色值设为#D5EE99，Alpha 值设为 57%，右侧指针滑块的颜色值设为#4D8AE6，具体效果如图 3-117 所示。

图 3-116　绘制圆点

图 3-117　设置"底色"图层中的绿色背景

（20）在"底色"图层之上新建图层"草地"，并在场景中用"直线"工具绘制出草地的形状，效果如图 3-118 所示。

（21）选择"油漆桶"工具，将草地轮廓内部用绿色渐变色进行填充，制作立体的草地效果，并对草地的轮廓进行适当的调整，效果如图 3-119 所示。

图 3-118　绘制草地形状

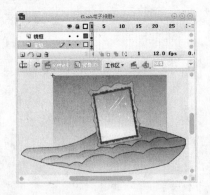

图 3-119　填充草地颜色

（22）使用"选取"工具双击草地的轮廓线，将轮廓线选中后，用【Delete】键删除，完成草地效果的制作，效果如图 3-120 所示。

（23）在"镜框"图层上方新建"花"图层，选择"直线"工具，在场景中绘制花瓣的轮廓线，效果如图 3-121 所示。

图 3-120　删除草地的轮廓线   图 3-121　绘制花瓣的轮廓线

（24）双击花瓣的轮廓线，将其选中后按【F8】键，将花瓣转换为影片剪辑元件，"转换为元件"对话框如图 3-122 所示。

图 3-122　"转移为元件"对话框

（25）选择"任意变形"工具，单击场景中的"花瓣"元件，将元件的中心点移至"花瓣"的下方，效果如图 3-123 所示。

（26）按【Ctrl+T】组合键，打开"变形"面板，将旋转的值设为 75°，"变形" 面板如图 3-124 所示。

图 3-123　移动花瓣的中心点   图 3-124　"变形"面板

（27）连续单击 5 次"复制并应用变形"按钮，生成的花朵效果如图 3-125 所示。

（28）分别使用"圆"及"直线"工具绘制花朵的花蕊和茎两部分，效果如图 3-126 所示。

图 3-125　生成的花朵效果　　　　　　　　　图 3-126　绘制花蕊和茎

（29）选择"油漆桶"工具，按【Shift+F9】组合键打开"颜色"面板，填充颜色设置为梅红到淡黄渐变，三个颜色指针滑块的值从左到右依次为#FFFF66、#CC1149、#CC1149，Alpha 值从左到右依次为 100%、90%、28%，"颜色"面板的设置如图 3-127 所示。

（30）双击场景中"花瓣"元件，进入其编辑状态，使用"油漆桶"工具为花瓣填充颜色，效果如图 3-128 所示。

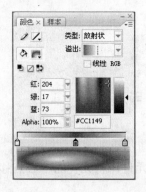

图 3-127　"颜色"面板的设置　　　　　　　　图 3-128　填充花瓣颜色

（31）双击花瓣的轮廓线，将其删除，双击场景中的空白位置，返回上一层，效果如图 3-129 所示。

（32）将场景显示比例设为 400%，选择"直线"工具，绘制一个三角形，然后使用"选择"工具将其调整为半月形，并放置到花朵的根部，具体效果如图 3-130 所示。

图 3-129　删除花瓣的轮廓线　　　　　　　　图 3-130　绘制花朵的根部

（33）选择"油漆桶"工具，按【Shift+F9】组合键打开"颜色"面板，设置填充类型为线性，两个颜色指针滑块的颜色值分别为#89A80B、#CBEE77，然后为半月形填充颜色，并使用"渐变变形"工具调整颜色的填充效果，具体效果如图 3-131 所示。

（34）删除半月形的轮廓线，双击选中半月形后，按【F8】键将其转换为影片剪辑元件，并命名为"花根"，然后同时选中"花根"和"花"元件后按【Ctrl+G】组合键将二者组合，效果如图 3-132 所示。

图 3-131　填充花朵根部颜色

图 3-132　组合"花根"和"花"元件

（35）将显示比例设置为 100%，选中刚刚制作完成的小花组合，按住【Ctrl】键的同时将其向外拖动，生成小花组合的副本，将其放置在场景中的适当位置，效果如图 3-133 所示。

图 3-133　生成小花组合的副本

（36）选中小花组合副本，执行"修改"→"变形"→"水平翻转"命令，使小花组合副本水平翻转，然后双击小花组合副本，进入其编辑状态，选中"花"元件后打开"属性"面板，然后将"颜色"属性的亮度值调为 74%，使小花的颜色变为淡淡的粉色，效果如图 3-134 所示。

（37）按照相同的方法复制多个小花，并适当地调整其位置、大小、颜色，具体效果如图 3-135 所示。

图 3-134　小花效果

图 3-135　复制多个小花

任务三：动画效果设计制作

一、设计制作百叶窗效果

（1）新建影片剪辑元件"百叶窗"，在元件内绘制矩形，设置长为 380，高为 38，然后使其在"百叶窗"元件内部水平和垂直均居中，同时将该矩形的变形中心点移至上边线的中央位置，效果如图 3-136 所示。

（2）在"图层 1"的第 10 帧处插入关键帧，并将第 1 帧的高度设为 1，选中第 1~10 帧的中间位置，并在"属性"面板中选择"形状"补间动画，具体设置如图 3-137 所示。

图 3-136　绘制矩形

图 3-137　"图层 1"的设置

（3）选中第 10 帧，按【F9】键，打开"动作"面板，输入代码，具体效果如图 3-138 所示。

（4）新建影片剪辑元件"百叶窗动画"，在该元件中均匀摆放 12 个"百叶窗"元件，并设置水平居中，垂直间距为 38，效果如图 3-139 所示。

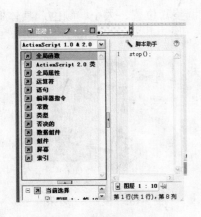

图 3-138　第 10 帧输入的代码

图 3-139　设置"百叶窗动画"元件

（5）进入场景 scene2，在影片剪辑"背景 1"中的图层"底色"与"像框"之间新建图层，并命名为"夏 1"，按【Ctrl+L】组合键打开"库"面板，选中图片"夏 1.jpg"并将其拖曳至"夏 1"图层的第 1 帧，放置在适当的位置，效果如图 3-140 所示。

图 3-140 添加图片夏 1.jpg

（6）在"夏 1"图层与"像框"图层之间新建"遮罩" 图层，按【Ctrl+L】组合键打开"库"面板，选中影片剪辑元件"百叶窗动画"并将其拖曳至"遮罩"图层的第 1 帧，放置在适当的位置，效果如图 3-141 所示。

图 3-141 设置"遮罩"图层

（7）把光标移至"遮罩" 图层，单击鼠标右键，在弹出的快捷菜单中选择"遮罩层"选项，将"遮罩"图层设为遮罩层，"夏 1"图层设为被遮罩层，具体效果如图 3-142 所示。

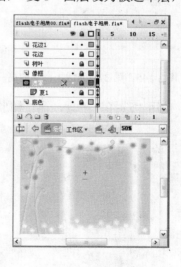

图 3-142 设置遮罩

（8）将"背景1"元件中所有图层的帧都延长到第10帧，时间轴效果如图3-143所示。

图 3-143　时间轴效果

二、设计制作涨水动画效果

（1）新建影片剪辑元件"涨水"，在元件内绘制梯形，设置宽为 380，高为 41，然后使其在"涨水"元件内部水平和垂直均居中，效果如图3-144所示。

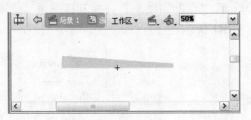

图 3-144　绘制梯形

（2）在第3帧插入关键帧，使用"选择"工具，拖住梯形的左上角，增加梯形的高，效果如图3-145所示。

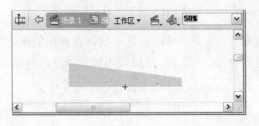

图 3-145　第3帧处增加梯形的高

（3）在第5帧插入关键帧，使用"选择"工具，拖住梯形的右上角，增加梯形的高，效果如图3-146所示。

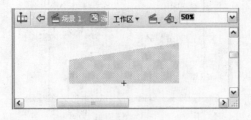

图 3-146　第5帧处增加梯形的高

（4）分别在第 7、9、11、…、25 帧分别插入关键帧，并把相应帧的图形按照步骤（2）和步骤（3）的规律进行调整，梯形最终的高度为 380～490 即可，具体效果如图 3-147 所示。

（5）选中第 25 帧，按【F9】键，打开"动作"面板，输入代码，具体效果如图 3-148 所示。

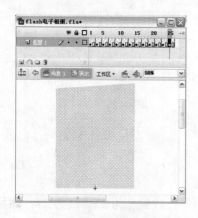

图 3-147　梯形的最终效果

图 3-148　第 25 帧输入的代码

（6）在影片剪辑"背景 1"中的"遮罩"和"像框"图层中间建立新图层，并命名为"夏 2"，按【Ctrl+L】组合键打开"库"面板，选中图片"夏 2.jpg"并将其拖曳至"夏 2"图层的第 11 帧，放置在舞台中的适当位置，效果如图 3-149 所示。

图 3-149　添加图片夏 2.jpg

（7）在"夏 2"图层与"像框"图层之间新建"遮罩 2"图层，按【Ctrl+L】组合键打开"库"面板，选中影片剪辑元件"涨水"并将其拖曳至"遮罩 2"图层的第 11 帧，放置在舞台的适当位置，效果如图 3-150 所示。

（8）把光标移至"遮罩 2"图层，单击鼠标右键，在弹出的快捷菜单中选择"遮罩层"选项，将"遮罩 2"图层设为遮罩层，"夏 2"图层设为被遮罩层，将所有图层的帧延长至第 36 帧，具体效果如图 3-151 所示。

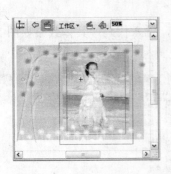

图 3-150 设置"遮罩 2"图层

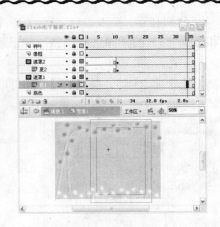

图 3-151 设置遮罩

三、设计制作圆散开动画效果

（1）新建影片剪辑元件"圆"，在元件内绘制一个圆形，设置宽为 27，高为 27，然后使其在"圆"元件内部水平和垂直均居中，效果如图 3-152 所示。

（2）在第 10 帧插入关键帧，并将圆的宽和高分别设为 96，然后使其在"圆"元件内部水平和垂直均居中，效果如图 3-153 所示。

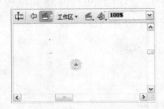

图 3-152 绘制圆形

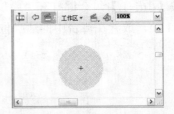

图 3-153 调整圆形的宽和高

（3）选中第 1～10 帧中的任意一帧，将"属性"面板中的补间设为形状补间动画，具体效果如图 3-154 所示。

（4）选中第 10 帧，按【F9】键，打开"动作"面板，输入代码，具体效果如图 3-155 所示。

图 3-154 设置形状补间动画

图 3-155 第 10 帧输入的代码

（5）新建影片剪辑元件"圆散开"，然后在此元件中的第
1 帧的舞台中摆放多个"圆"元件，使这些圆形能够覆盖住
宽 250、高 380 的矩形区域，具体效果如图 3-156 所示。

（6）进入场景 scene2 中，在影片剪辑"背景 1"中的
"遮罩 2"和"像框"图层中间建立新图层，并命名为"夏
3"，按【Ctrl+L】组合键打开"库"面板，选中图片"夏
3.jpg"并将其拖曳至"夏 3"图层的第 37 帧，放置在舞台中
的适当位置，效果如图 3-157 所示。

（7）在"夏 3"图层与"像框"图层之间新建"遮罩 3"
图层，按【Ctrl+L】组合键打开"库"面板，选中影片剪辑
"圆散开"并将其拖曳至"遮罩 3"图层的第 37 帧，放置在舞
台的适当位置，效果如图 3-158 所示。

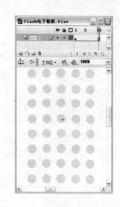

图 3-156 设置"圆散开"元件

图 3-157 添加图片夏 3.jpg

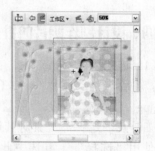

图 3-158 设置"遮罩 3"图层

（8）把光标移至"遮罩 3"图层，单击鼠标右键，在弹出的快捷菜单中选择"遮罩层"
选项，将"遮罩 3"图层设为遮罩层，"夏 3"图层设为被遮罩层，将所有图层的帧延长至第
47 帧，具体效果如图 3-159 所示。

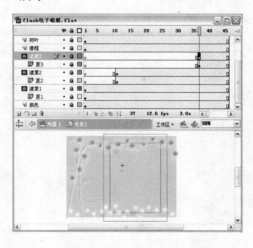

图 3-159 设置遮罩

（9）在 scene1 场景中的第 60 帧插入关键帧，按【F9】键打开"动作"面板，输入代
码，具体如图 3-160 所示。

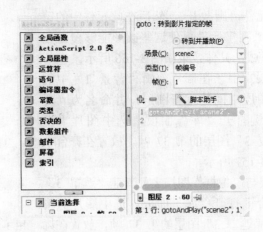

图 3-160　第 60 帧输入的代码

四、设计制作照片的推门动画效果

（1）进入场景 scene3 中，在影片剪辑元件"背景 2"的"镜框"与"星"图层之间新建图层，并命名为"照片"，按【Ctrl+L】组合键打开"库"面板，并将"库"中的图片"军人 1.jpg"放置在"照片"图层的第 1 帧中，然后调整其宽度为 226，高为 308，使用"变形"工具及"选择"工具对其倾斜角度及位置进行调整，使之刚好在中间大镜框的中央位置，使用"选择"工具选中此照片并按【Ctrl+F8】组合键将其转换为元件，同时命名为"照片动画 1"，效果如图 3-161 所示。

（2）双击"照片动画 1"元件，进入其编辑状态，将图层名称改为"军人 1"，然后新建图层并命名为"遮罩 1"，使用"矩形"工具在此图层中绘制一个矩形，其大小以能覆盖住"军人"图层中的照片为谁，使用"任意变形"工具将矩形旋转至与照片水平及垂直方向都对齐，效果如图 3-162 所示。

图 3-161　设置"照片"图层

图 3-162　绘制矩形

（3）在"遮罩 1"图层的第 10 帧插入关键帧，然后用"选择"工具调整第 1 帧的矩形形状，具体效果如图 3-163 所示。

（4）选择"遮罩 1"图层第 1～10 帧中的任意一帧，在"属性"面板中的"补间"下拉框中选择"形状"，创建形状补间动画，效果如图 3-164 所示。

图 3-163　第 1 帧的矩形形状　　　　　　图 3-164　创建形状补间动画

（5）把光标移至"遮罩 1"图层名称之后，单击鼠标右键，在弹出的快捷菜单中选择"遮罩层"选项，将"遮罩 1"图层设为遮罩层、"军人 1"图层设为被遮罩层，效果如图 3-165 所示。

（6）在"遮罩 1"和"军人 1"图层的第 15 帧分别插入延时帧。

（7）在"遮罩 1"图层之上新建图层并命名为"军人 2"，在此图层的第 16 帧插入空白关键帧，然后按【Ctrl+L】组合键打开"库"面板，将图片"军人 2.jpg"拖到场景中中央像框的位置，按照步骤（1）的方法进行设置，然后在此图层的第 30 帧插入延时帧，具体效果如图 3-166 所示。

图 3-165　设置遮罩　　　　　　　　图 3-166　设置"军人 2"图层

（8）在"军人 2"图层之上新建图层"遮罩 2"，然后选择"遮罩 1"图层中的所有帧并将其复制到"遮罩 2"图层的第 15～30 帧，效果如图 3-167 所示。

（9）使用"选择"工具，将"军人 2"图层拖到"遮罩 2"图层的被遮罩图层位置，具体效果如图 3-168 所示。

（10）按照前面所述方法分别对"军人3.jpg"、"军人4.jpg"、"军人5.jpg"三张照片进行动画设计，具体效果如图 3-169 所示。

图 3-167　复制帧

图 3-168　拖动图层

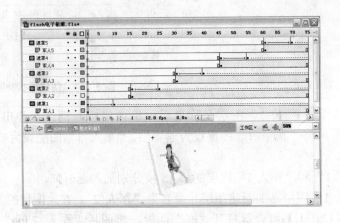

图 3-169　对其他图片进行动画设计

（11）双击场景中的空白位置，返回"背景 2"元件的编辑状态，按【Ctrl+L】组合键打开"库"面板，分别选中"军人1.jpg"、"军人2.jpg"两张图片，将其放置在"照片"图层中的两个小镜框中，并调整适当的角度，具体效果如图 3-170 所示。

（12）在 scene3 场景的第 1 帧，按【F9】键打开"动作"面板，输入代码，具体如图 3-171 所示。

图 3-170　在小镜框内插入图片

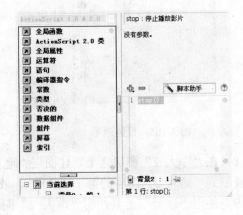

图 3-171　第 1 帧输入的代码

五、设计制作飞花动画效果

（1）进入场景 scene4 中，双击"背景 3"元件，进入其编辑状态，锁定全部图层，新建图层并命名为"遮罩 1"，使其处于最上层；在"遮罩 1"图层的第 10 帧插入空白关键帧，按【Ctrl+F8】组合键新建元件，弹出"创建新元件"对话框，在"名称"栏输入"飞花遮罩"，"类型"选择"影片剪辑"，操作如图 3-172 所示。

图 3-172 "创建新元件"对话框

（2）单击"确定"按钮，进入"飞花遮罩"元件的编辑状态，按【Ctrl+L】组合键打开"库"面板，把影片剪辑元件"花"拖到场景中，效果如图 3-173 所示。

（3）连续按两次【Ctrl+B】组合键打散"花"元件，将花茎删除，调整花的位置，使花蕊和场景的中心点重合，效果如图 3-174 所示。

图 3-173 将"花"元件拖到场景中

图 3-174 编辑"花"元件

（4）返回"背景 3"的场景，打开"库"面板，将"飞花遮罩"元件添加到"遮罩 1"图层的第 10 帧中，并使用"任意变形"工具调整其大小，效果如图 3-175 所示。

（5）双击"飞花遮罩"元件，进入其编辑状态，在第 5、10、15、20、30、40 帧分别插入关键帧，效果如图 3-176 所示。

图 3-175 将"飞花遮罩"元件添加到"遮罩 1"图层

图 3-176 插入关键帧

（6）分别调整各关键帧中花的位置，然后选中第 2 帧的同时按住鼠标左键向右拖动鼠标至第 35 帧处，则第 2～35 帧被选中，按【Ctrl+F3】组合键打开"属性"面板，将"补间"设置为"形状"，效果如图 3-177 所示。

（7）分别调整各关键帧花的位置及大小，使其在镜框的范围内自由自在地飞动，效果如图 3-178 所示。

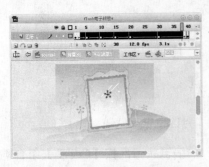

图 3-177　创建形状补间动画

图 3-178　使花在镜框内飞动

（8）双击"飞花遮罩"元件的场景，返回"背景 3"影片剪辑元件的场景中，在"遮罩 1"图层下方新建图层，并命名为"春 1"，打开"库"面板，把图片"春 1.jpg"拖放到图层"春 1"的第 10 帧，并使其适合于镜框的位置及大小，效果如图 2-179 所示。

（9）选中"遮罩 1"图层，单击鼠标右键，在弹出的快捷菜单中选择"遮罩层"选项，则"遮罩 1"被设置为遮罩层，"春 1"被设置为被遮罩层，操作如图 3-180 所示。

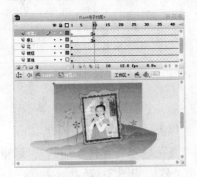

图 3-179　设置"春 1"图层

图 3-180　设置遮罩

（10）设置完成后的效果如图 3-181 所示，同学们可自行进行测试。

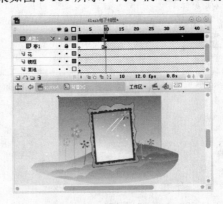

图 3-181　设置完成后的效果

六、设计制作线条动画效果

（1）进入场景 scene4 中，双击"背景 3"元件，进入其编辑状态，锁定全部图层，将"花"、"镜框"、"草地"、"底色"四个图层延长至第 160 帧。新建图层并命名为"遮罩 2"，使其处于最上层，然后在"遮罩 2"图层的第 81 帧绘制一个矩形，选中矩形后按【F8】键将其转换为影片剪辑元件，并命名为"线条遮罩"，效果如图 3-182 所示。

（2）双击"线条遮罩"元件进入其编辑状态，在第 5、10、15、20、30、40 帧插入关键帧，然后使用"任意变形"工具分别调整第 5、10、15、20、30、40 帧矩形的宽度，使用"选取"工具适当地调整矩形的位置，效果如图 3-183 所示。

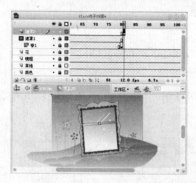

图 3-182　绘制矩形

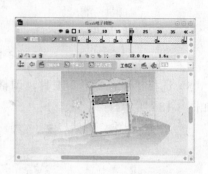

图 3-183　编辑"线条遮罩"元件

（3）按住鼠标左键，选中"图层 1"中的第 3～33 帧，然后按【Ctrl+F3】组合键打开"属性"面板，将"补间"设置为"形状"，最后在"图层 1"的第 80 帧插入延时帧，效果如图 3-184 所示。

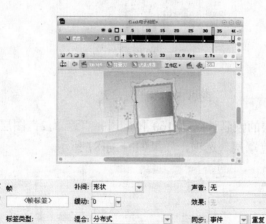

图 3-184　创建形状补间动画

（4）双击场景，返回"背景 3"的场景中，新建图层并命名为"春 2"，并在图层"春 2"的第 81 帧插入空白关键帧；按【Ctrl+L】组合键打开"库"面板，找到"春 2.jpg"图片，并添加到"春 2"图层的第 81 帧中，效果如图 3-185 所示。

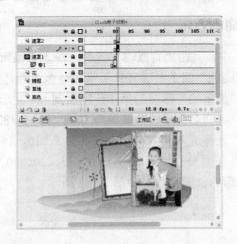

图 3-185　设置"春 2"图层

（5）选择"任意变形"工具，调整图片"春2.jpg"的大小，使其大小和镜框相匹配，效果如图 3-186 所示。

图 3-186　调整图片大小

（6）将"遮罩 2"图层的帧延长到第 160 帧，选择"遮罩 2"图层后单击鼠标右键，在弹出的快捷菜单中选择"遮罩层"选项，效果如图 3-187 所示。

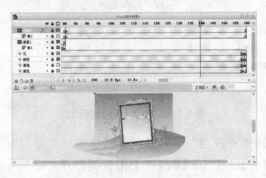

图 3-187　设置遮罩

七、设计制作栅格动画效果

（1）进入场景 scene4 中，双击"背景 3"元件，进入其编辑状态，锁定全部图层，将"花"、"镜框"、"草地"、"底色"四个图层延长至 240 帧，插入新图层，并命名为"春 3"，在"春 3"图层的第 161 帧插入关键帧。按【Ctrl+L】组合键打开"库"面板，找到"春 3.jpg"图片，将其添加到图层"春 3"的第 161 帧中，使用"任意变形"工具将其进行调整，使其与镜框的大小和位置相匹配，效果如图 3-188 所示。

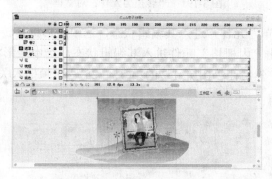

图 3-188　设置"春 3"图层

（2）新建图层并命名为"遮罩 3"，在"遮罩 3"的第 161 帧插入关键帧，选择"矩形"工具，在"属性"面板中，将该矩形的半角半径值设为 10，效果如图 3-189 所示。

图 3-189　设置"矩形"工具的属性

（3）使用"矩形"工具在场景中绘制一个 20×30 的矩形，并使用"任意变形"工具调整其角度，然后使用"选择"工具将其拖动到适当位置，使其位于图片"春 3.jpg"的左上角，效果如图 3-190 所示。

图 3-190　绘制矩形

（4）选中该矩形后按【F8】键，打开"转换为元件"对话框，将其转换为影片剪辑元件并命名为"栅格遮罩",如图 3-191 所示。

图 3-191　"转换为元件"对话框

　　(5)双击"栅格遮罩"元件,进入其编辑状态,选中矩形将其转换为影片剪辑元件,并命名为"内栅格",双击"内栅格"元件进入其编辑状态,选中矩形将其转换为影片剪辑元件,并命名为"矩形",然后在"图层 1"的第 15、25、40 帧插入关键帧,效果如图 3-192所示。

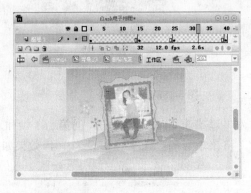

图 3-192　编辑"栅格遮罩"元件

　　(6)选中第 5~33 帧,并单击鼠标右键,在弹出的快捷菜单中选择"运动补间动画"选项,效果如图 3-193 所示。

图 3-193　创建运动补间动画

　　(7)使用"任意变形"工具分别调整第 1、15、25、40 帧"矩形"元件的大小,并且将第 1、40 帧"矩形"元件的 Alpha 值设为 0%,如图 3-194 所示。

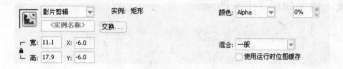

图 3-194　设置"矩形"元件

（8）双击场景，从"内栅格"元件的编辑场景返回"栅格遮罩"的编辑场景，使用"选取"工具选中"内栅格"元件，同时按住【Ctrl】键拖动"内栅格"元件，生成副本，按照此方法生成多个副本，并将生成的元件副本放置在适当的位置，使其可以覆盖住"春 3"元件，效果如图 3-195 所示。

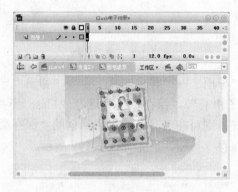

图 3-195　生成多个"内栅格"元件副本

（9）双击场景，返回元件"背景 3"的编辑状态，选中"遮罩 3"图层后单击鼠标右键，在弹出的快捷菜单中选择"遮罩层"选项，效果如图 3-196 所示。

（10）在 scene4 场景的"底色"图层的第 240 帧插入关键帧，按【F9】键打开"动作"面板，添加代码，如图 3-197 所示。

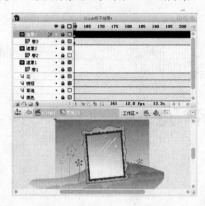

图 3-196　设置遮罩

图 3-197　第 240 帧添加的代码

任务四：动画测试及发布

（1）执行"控制"→"测试影片"命令（或按【Ctrl+Enter】组合键）打开播放器窗

口，即可观看动画，效果如图 3-198 所示。

图 3-198　观看动画

（2）执行"文件"→"导出"→"导出影片"命令，弹出"导出影片"对话框，在"文件名"文本框中输入"电子相册"，"保存类型"选择"Flash 影片"，然后单击"保存"按钮。如果要保存为其他格式，则可在"另存为"对话框的"保存类型"下拉列表中选择一种文件格式，然后再单击"保存"按钮，效果如图 3-199 所示。

图 3-199　"另存为"对话框

拓展能力训练项目——"可爱的小姐妹"电子相册

一、项目任务

设计制作一个"可爱的小姐妹"浏览相册。

二、客户需求

- 舞台大小为 550×400 像素
- 相册要用按钮控制实现"可爱的小姐妹"照片的浏览效果

三、关键技术

- 用按钮实现对影片的控制
- 音频的插入及控制

四、参考效果

"可爱的小姐妹"电子相册的参考效果如图 3-200 所示。

图 3-200　　"可爱的小姐妹"电子相册的参考效果

思维开发训练项目

一、项目任务

请同学们根据本项目的内容，自行设计一个你最喜欢的相册。

二、参考项目

- 儿童写真集
- 家庭相册
- 校友录
- 朋友写真集
- 风景画册

三、设计要求

风格独特，镜头流畅，画面精致，富有动感。

项目四 Flash 游戏

老师：Flash 游戏是一种新兴的游戏形式，以游戏简单、操作方便、绿色、无须安装、文件体积小等优点被广大网友喜爱。Flash 游戏又叫 Flash 小游戏，因为 Flash 游戏主要应用于一些趣味化的、小型的游戏上，所以可以完全发挥它基于矢量图的优势。

学生：老师，Flash 游戏与传统的电脑网络游戏有什么不同呢？

老师：Flash 游戏在游戏形式上的表现与传统游戏基本无异，但主要生存于网络之上，因为它的体积小、传播快、画面美观，所以大有取代传统 Web 网游的趋势，现在国内外用 Flash 制作无端网游已经成为一种趋势，只要浏览器安装了 Adobe 的 FlashPlayer，就可以玩所有的 Flash 游戏了，这比传统的 Web 网游进步许多。但是，Flash 游戏也有自身的缺点，如安全性差、不能承担大型任务等，使用者应该尽量发挥它的长处，回避它的软肋。

学生：Flash 都可以做什么样的游戏呢？

老师：Flash 游戏可以分成许多不同的种类，各个种类的游戏在制作过程中所需要的技术也都截然不同，所以在一开始构思游戏的时候，决定游戏的种类是最重要的一项工作，在 Flash 可实现的游戏范围内，基本上可以将游戏分成动作类游戏、益智类游戏、角色扮演类游戏、射击类游戏等。

学生：您给我们推荐一些好的 Flash 资源吧。

老师：网上有很多好的 Flash 资源，现仅列举以下三个，仅供参考吧。

⊙ 闪吧：http://www.flash8.net

——素材、教程、源代码等下载，国内最大的 Flash 从业人员讨论基地。

⊙ 小游戏：http://www.xiaoyouxi.com

——大量 Flash 游戏免费玩乐。

⊙ 闪客居：http://flashas.net

——集编程、源码、论坛、各种相关资源于一身，是优秀的学习网站。

基本能力训练项目——打小兔游戏

任务一：客户需求及游戏环节设定

一、客户需求

（1）制作一款单机版打兔子小游戏，舞台尺寸为 500×400 像素。

（2）游戏由开始画面、游戏画面、结束画面构成，时间设定为 30s，有得分和计时项，最终根据分数给出激励语。

（3）游戏画面简洁、大方，游戏环节设定合理，可操作性强。

二、环节设定

根据客户需求，本游戏应设定三个主要场景。

（1）游戏前导动画场景，设定"开始"按钮，控制游戏开始。

（2）游戏进行中场景，小兔随机从洞中出现，没有被打到的小兔正常回到洞中，被打到的小兔出现打晕动画，并将成绩加 10 分。

（3）时间从 30s 开始倒计时，当时间为 0 时，游戏进入结束场景，在结束场景中，当分数小于 60 分时，显示"还需努力哟！"；当分数大于等于 60 分，并小于等于 80 分时，显示"还不错，再加把劲儿！"；当分数大于 80 分，并小于等于 120 分时，显示"你真棒！"；当分数大于 120 分时，显示"你真是太棒了！"，并设定"再来一次"按钮，让玩家可以重新开始游戏。

三、游戏界面

打小兔游戏界面，如图 4-1 所示。

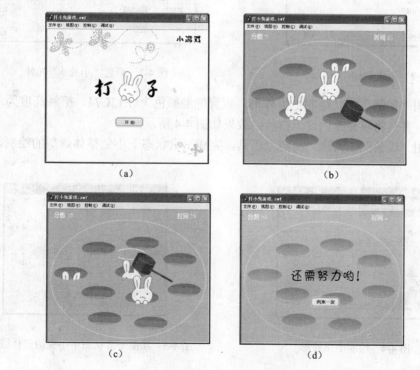

图 4-1 打小兔游戏界面

任务二：角色设计

一、绘制小兔平常时的造型

（1）新建 Flash 文件（ActionScript 2.0），设置舞台的大小为 500×400 像素，背景颜色为 #99CC33，效果如图 4-2 所示，单击"确定"按钮，保存文件名为"打小兔游戏.fla"。

（2）按【Ctrl+F8】组合键新建元件，弹出"创建新元件"对话框，在"名称"栏输入 "小兔 1"，"类型"选择"图形"，效果如图 4-3 所示，单击"确定"按钮，进入"小兔 1" 元件的编辑窗口。

图 4-2　新建 Flash 文件

图 4-3　新建"小兔 1"元件

（3）使用"钢笔"工具绘制小兔外形，设置笔触颜色为#E13C74，笔触高度为 2，笔触 样式为实线，并且将填充颜色设为白色，效果如图 4-4 所示。

（4）使用"线条"工具和"椭圆"工具，完成平常状态下小兔整体造型的绘制，效果如 图 4-5 所示。

图 4-4　绘制小兔外形

图 4-5　绘制平常状态下小兔的整体造型

二、绘制小兔打晕时的造型

（1）按【Ctrl+L】组合键打开"库"面板，在"库"面板中的"小兔 1"图形元件上单 击鼠标右键，在弹出的快捷菜单中选择"直接复制"选项，打开"直接复制元件"对话框， 在"名称"栏中输入"小兔 2"，效果如图 4-6 所示。

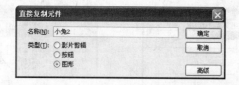

图 4-6　"直线复制元件"对话框

（2）在"库"面板中，双击"小兔 2"图形元件，进入其编辑状态使用"线条"工具和"部分选取"工具，完成打晕时小兔整体造型的绘制，效果如图 4-7 所示。

图 4-7　绘制打晕时小兔的整体造型

任务三：素材准备

一、导入图片、声音素材

（1）执行"文件"→"导入"→"导入到库"命令，弹出"导入到库"对话框，选中素材文件夹中的图片文件"背景.png"，单击"打开"按钮，将其导入元件库中。

（2）利用同样的方法，将声音文件"sound.mp3"导入元件库中。

二、制作按钮素材

（1）执行"窗口"→"公用库"→"按钮"命令，打开"公用库"面板。在"公用库"中选择"buttons rounded stripes"文件夹，双击打开，选择其中的"rounded stripes blue"和"rounded stripes gold"按钮，效果如图 4-8 所示，将其拖放到舞台中。

（2）双击按钮进入按钮的编辑状态，分别修改其按钮文字为"开始"和"再来一次"，设置字体为幼圆，大小为 12，"弹起"帧文字颜色为#333333，"按下"帧文字为白色、粗体，效果如图 4-9 所示。

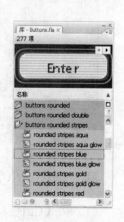

图 4-8　添加按钮

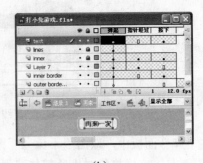

（a）　　　　　　　　　　　　　　　（b）

图 4-9　编辑"开始"和"再来一次"按钮

三、制作"晕动画"影片剪辑元件

（1）按【Ctrl+F8】组合键新建元件，弹出"创建新元件"对话框，在"名称"栏中输入"晕动画"，"类型"选择"影片剪辑"，效果如图 4-10 所示，单击"确定"按钮，进入该元件的编辑窗口。

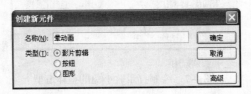

图 4-10　新建"晕动画"元件

（2）选择"椭圆"工具，设置笔触颜色为白色，笔触高度为 3，绘制一个圆形，使用"选择"工具选取圆顶端的部分，将其删除，效果如图 4-11 所示。

（3）选中剩下的弧线，按【F8】键将其转换为图形元件，选中"图层 1"中的第 5 帧，按【F6】键插入关键帧，创建补间动画，逆时针旋转一次，效果如图 4-12 所示。

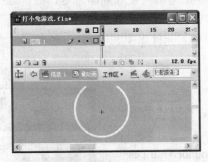

图 4-11　删除圆顶端的部分　　　　　　　　图 4-12　创建补间动画

四、制作"小兔晕"影片剪辑元件

（1）按【Ctrl+F8】组合键新建元件，弹出"创建新元件"对话框，在"名称"栏中输入"小兔晕"，"类型"选择"影片剪辑"，效果如图 4-13 所示，单击"确定"按钮，进入该元件的编辑窗口。

（2）从"库"中将"小兔 2"图形元件、"晕动画"影片剪辑元件分别拖放到舞台中，将"晕动画"元件变形，放置到小兔的上方，效果如图 4-14 所示。

图 4-13　新建"小兔晕"元件　　　　　　　图 4-14　编辑"小兔晕"元件

五、制作"锤子"影片剪辑元件

（1）按【Ctrl+F8】组合键新建元件，弹出"创建新元件"对话框，在"名称"栏中输入"锤子"，"类型"选择"影片剪辑"，效果如图 4-15 所示，单击"确定"按钮，进入该元件的编辑窗口。

（2）绘制锤子造型，效果如图 4-16 所示。

图 4-15　新建"锤子"元件　　　　　　　　图 4-16　绘制锤子造型

（3）选中"图层 1"的第 2 帧，按【F6】键插入关键帧，分别调整第 1 帧和第 2 帧锤子的角度，做出用锤子打的动作，效果如图 4-17 所示。

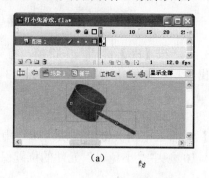

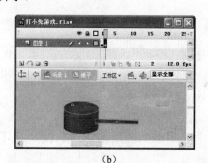

（a）　　　　　　　　　　　　　　　（b）

图 4-17　做出用锤子打的动作

说明：在调锤子角度时，应将中心点放置在锤子把手手握的位置，元件的中心点应该放置在锤子头部分，这样在控制锤子打小兔时，鼠标的位置才会在锤子头。

（4）为第 1 帧添加停止代码。

```
stop();        //停止播放
```

六、制作“出洞”影片剪辑元件

（1）按【Ctrl+F8】组合键新建元件，弹出“创建新元件”对话框，在“名称”栏中输入“出洞”，“类型”选择“影片剪辑”，效果如图 4-18 所示，单击“确定”按钮，进入该元件的编辑窗口。

图 4-18　新建“出洞”元件

（2）将“图层 1”重命名为“洞”，使用“椭圆”工具绘制一个洞口，从下到上填充线性渐变色为#EC8E02→#8F5601，选中该层的第 18 帧，按【F5】键插入普通帧，效果如图 4-19 所示。

（3）插入一个新图层，命名为“小兔”，从“库”中将“小兔 1”图形元件拖放到舞台上，置于洞口的下方，效果如图 4-20 所示。

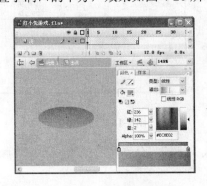

图 4-19　绘制洞口

图 4-20　设置“小兔”图层

（4）分别选中“小兔”图层的第 4、10、13 帧，按【F6】键插入关键帧，将第 4 帧和第 10 帧中“小兔 1”元件的位置上移，使其露出洞口，在第 1～4 帧、第 10～13 帧创建补间动画，效果如图 4-21 所示。

（5）制作小兔打晕回洞动画。

①选中“小兔”图层的第 14 帧，按【F7】键插入空白关键帧，从“库”中将“小兔晕”影片剪辑元件拖放到舞台上，使其位置与第 10 帧中“小兔 1”元件的位置保持一致，效果如图 4-22 所示。

图 4-21　创建补间动画

图 4-22　编辑"小兔"图层的第 14 帧

②选中"小兔"图层的第 18 帧，按【F6】键插入关键帧，使"小兔晕"元件回到洞中，并在第 14～18 帧创建补间动画，效果如图 4-23 所示。

③在"小兔"图层的上方插入一个新图层，将其命名为"遮罩"，绘制柱形，其底边与洞完全重合，高度以能遮挡小兔出洞的高度和区域为准，效果如图 4-24 所示。

图 4-23　创建补间动画

图 4-24　绘制柱形

④在"遮罩"图层上单击鼠标右键，在弹出的快捷菜单中选择"遮罩层"选项，效果如图 4-25 所示。

⑤在"遮罩"图层上方插入一个新图层，命名为"隐形按钮"，选中该图层的第 4 帧，按【F6】键插入关键帧，使用"椭圆"工具绘制一个和小兔头大小差不多的圆，效果如图 4-26 所示。

图 4-25　设置遮罩

图 4-26　绘制圆

⑥选中绘制的圆，按【F8】键，将其转换为按钮元件。进入按钮元件的编辑状态，将圆拖放到"点击"帧，选中"按下"帧，按【F6】键插入关键帧，在"属性"面板中，将声音设置为"sound.mp3"，完成"隐形按钮"的制作，效果如图4-27所示。

⑦将"隐形按钮"图层中的第10～18帧删除，效果如图4-28所示。

图4-27　制作"隐形按钮"　　　　　　　　图4-28　删除帧

⑧在"隐形按钮"图层上方插入一个新图层，命名为"动作"，选中该层的第13、14、18帧，按【F6】键插入关键帧，分别定义第1、14帧的帧标签名称为"play"和"hit"，效果如图4-29所示。

⑨为第1帧添加代码"stop();"，第13、18帧添加代码"gotoAndStop(1);"，选中"隐形按钮"，添加如下代码。

```
on (release) {
gotoAndPlay("hit");
_root.score=_root.score+10;     //打到小兔，使主场景中的得分加10
}
```

添加代码后的效果如图4-30所示。

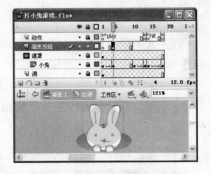

图4-29　设置"动作"图层　　　　　　　　图4-30　添加代码后的效果

七、制作"时间"影片剪辑元件

（1）按【Ctrl+F8】组合键新建元件，弹出"创建新元件"对话框，在"名称"栏输入"时间"，"类型"选择"影片剪辑"，效果如图4-31所示，单击"确定"按钮，进入该元件的编辑窗口。

（2）选择"文本"工具，输入文字"时间"，设置字体为幼圆，大小为 18，颜色为白色，效果如图 4-32 所示。

图 4-31　新建"时间"元件

图 4-32　设置文本的属性

（3）选择"文本"工具，设置文本类型为动态文本，在"时间"元件后面绘制用来显示时间的文本框，设置字体为幼圆，大小为 18，颜色为白色，变量名称为 time ，效果如图 4-33 所示。

（4）选中"图层 1"的第 14 帧，按【F5】键插入普通帧，在"图层 1"的上方插入一个新图层，命名为"动作"，选中"动作"图层的第 2、14 帧，按【F6】键插入关键帧，在第 1 帧中添加代码"time="30";"，效果如图 4-34 所示。

图 4-33　设置文本框的属性

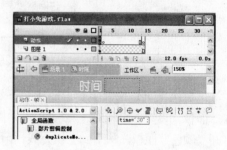

图 4-34　第 1 帧添加代码

（5）在"动作"图层的第 2 帧添加如下代码。

```
if(Number(time)==0){
    stop();
    tellTarget(_root){
        gotoAndStop("over");        //跳转并停止到主场景游戏结束帧
    }
}
```

效果如图 4-35 所示。

（6）在"动作"图层的第 14 帧添加如下代码。

```
time=time-1;
gotoAndPlay(2);
```

效果如图 4-36 所示。

图 4-35　第 2 帧添加代码　　　　　　　　图 4-36　第 14 帧添加代码

八、制作"转场"影片剪辑元件

（1）按【Ctrl+F8】组合键新建元件，弹出"创建新元件"对话框，在"名称"栏输入"转场"，"类型"选择"影片剪辑"，效果如图 4-37 所示，单击"确定"按钮，进入该元件的编辑窗口。

图 4-37　新建"转场"元件

（2）选择"矩形"工具，绘制一个 500×400 像素的矩形。按【Ctrl+K】组合键打开"对齐"面板，设置矩形相对于舞台"水平中齐"，"垂直中齐"。选中矩形，按【Shift+F9】组合键打开"颜色"面板，从下到上填充线性渐变色为#24FD24→#E1FEB4，效果如图 4-38 所示。

（3）选中矩形，按【F8】键将其转换为图形元件，命名为"矩形"，选中"图层 1"的第 8 帧，按【F6】键插入关键帧，选中第 1 帧中的"矩形"图形元件，设置其颜色属性的 Alpha 值为 0%，并创建补间动画，效果如图 4-39 所示。

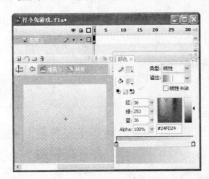

图 4-38　绘制矩形　　　　　　　　　　图 4-39　设置"矩形"元件

（4）选中第 8 帧，按【F9】键打开"动作"面板，为帧添加代码"stop();"，效果如图 4-40 所示。

图 4-40　第 8 帧添加代码

九、制作"前导动画"影片剪辑元件

（1）按【Ctrl+F8】组合键新建元件，弹出"创建新元件"对话框，在"名称"栏输入"前导动画"，"类型"选择"影片剪辑"，效果如图 4-41 所示，单击"确定"按钮，进入该元件的编辑窗口。

图 4-41　新建"前导动画"元件

（2）制作背景黑色淡入效果。

①选中"图层 1"，重命名为"背景"，从"库"中将"背景.png"拖放到舞台上，按【Ctrl+K】组合键打开"对齐"面板，设置图片相对于舞台"水平中齐"，"垂直中齐"，按【F8】键将图片转换为图形元件，命名为"背景"，选中"背景"图层的第 90 帧，按【F5】键插入普通帧，效果如图 4-42 所示。

图 4-42　设置"背景"图层

②分别选中"背景"图层的第 2、7 帧，按【F6】键插入关键帧，选中第 1 帧中的"背景"图形元件，设置其颜色属性的 Alpha 值为 0%，效果如图 4-43 所示。

图 4-43 设置第 1 帧 "背景" 元件的属性

③选中 "背景" 图层第 2 帧中的 "背景" 图形元件，设置其颜色属性的亮度值为-100%，效果如图 4-44 所示。

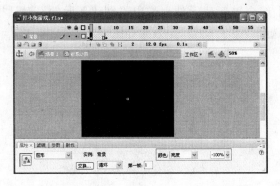

图 4-44 设置第 2 帧 "背景" 元件的属性

④在 "背景" 图层第 2～7 帧创建补间动画，效果如图 4-45 所示。

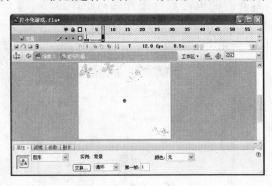

图 4-45 创建补间动画

（3）制作文字 "小游戏" 白色淡入效果。

①在 "背景" 图层上方插入一个新图层，命名为 "小游戏"，选中该图层的第 5 帧，按【F6】键插入关键帧，选择 "文本" 工具，在右上角输入文字 "小游戏"，设置字体为方正平和简体，大小为 27，颜色为黑色，效果如图 4-46 所示。

图 4-46　设置文本的属性

　　②选中文字，按【F8】键将其转换为图形元件，命名为"小游戏"，分别选中"小游戏"图层的第 6、10 帧，按【F6】键插入关键帧，将第 5 帧中"小游戏"图形元件颜色属性的 Alpha 值设为 0%，第 6 帧中"小游戏"图形元件颜色属性的亮度值设为 100%，并在第 6～10 帧创建补间动画，效果如图 4-47 所示。

图 4-47　设置"小游戏"元件

　　（4）制作游戏名称"打兔子"文字动画。
　　①在"小游戏"图层上方插入一个新图层，选中该图层的第 8 帧，按【F6】键插入关键帧，选择"文本"工具输入文字"打兔子"，设置字体为方正黄草简体，大小为 76，颜色为黑色，加粗，效果如图 4-48 所示。

图 4-48　设置文本的属性

②选中文字，按【Ctrl+B】组合键，将其分离为单个字，效果如图 4-49 所示。

图 4-49　将文本分离

③分别选中每个文字，按【F8】键将其转换为图形元件，分别命名为"打"、"兔"、"子"。同时选中这三个字，单击鼠标右键，在弹出的快捷菜单中选择"分散到图层"选项，将每个文字分别放到不同的图层，删除原来的文字图层，效果如图 4-50 所示。

图 4-50　将元件分散到图层

④为"打"图层添加运动引导层，使用"直线"工具，绘制从右向左的折线运动引导线，使引导线的左端与文字"打"的中心点对齐，效果如图 4-51 所示。

图 4-51　绘制引导线

⑤选中"打"图层的第 20 帧，按【F6】键插入关键帧，将第 8 帧中的"打"图形元件拖放到运动引导线的右端点，并创建补间动画，效果如图 4-52 所示。

图 4-52　创建补间动画

⑥选中"打"图层的第 21、22、23、24 帧，按【F6】键插入关键帧，分别选中第 21、23 帧中的"打"图形元件，设置其颜色属性的亮度值为 100%，制作文字闪烁效果，效果如图 4-53 所示。

图 4-53　制作文字闪烁效果

⑦利用相同的方法为"兔"图层添加运动引导线。在"兔"图层的第 26～34 帧制作"兔"图形元件进入场景动画，在第 35～38 帧，制作文字闪烁动画，效果如图 4-54 所示。

图 4-54　为"兔"图层添加运动引导线

⑧利用相同的方法为"子"图层添加运动引导线。在"子"图层的第 40～50 帧制作"子"图形元件进入场景动画，在第 51～54 帧制作文字闪烁动画，效果如图 4-55 所示。

图 4-55　为"子"图层添加运动引导线

（5）制作文字"兔"的变形动画。

①分别选中"兔"图层的第 61、63、65、67 帧，按【F6】键插入关键帧，分别选中第 63、67 帧中的"兔"图形元件，将其向上移动适当的距离，制作文字跳动的动画，效果如图 4-56 所示。

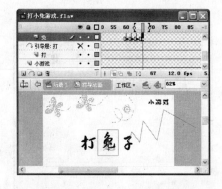

图 4-56　制作文字跳动的动画

②分别选中"兔"图层的第 70、72、74 帧，按【F6】键插入关键帧，选中第 72 帧中的"兔"图形元件，按【Ctrl+T】组合键打开"变形"面板，选中"约束"复选框，设置宽度、高度值为 140%，旋转角度为 20°，创建补间动画，效果如图 4-57 所示。

图 4-57　创建补间动画

③选中"兔"图层的第72帧，按住【Alt】键，将其复制到第76帧，选中第76帧中的"兔"图形元件，按【Ctrl+B】组合键将其分离，效果如图4-58所示。

图4-58　分离"兔"元件

④选中"兔"图层的第80帧，按【F7】键插入空白关键帧。从"库"中将"小兔1"图形元件拖放到舞台上，调整大小、位置及角度，使其与第76帧中的"兔"字位置基本相同。选中"小兔1"图形元件，按【Ctrl+B】组合键将其分离，并在第76~80帧创建形状补间动画，效果如图4-59所示。

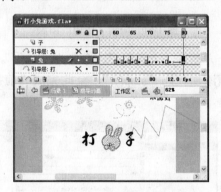

图4-59　创建形状补间动画

（6）制作"开始"按钮出现动画。

①在"引导层：子"图层的上方插入一个新图层，命名为"按钮"，选中该图层的第80帧，按【F6】键插入关键帧，从"库"中将"开始"按钮拖放到舞台游戏名称的下方，效果如图4-60所示。

图4-60　设置"按钮"图层

②选中"开始"按钮，为其添加如下代码。

```
on (release) {
    _root.play();
}
```

③分别选中"按钮"图层的第 81、85 帧，按【F6】键插入关键帧，设置第 80 帧中"开始"按钮颜色属性的 Alpha 值为 0%，第 85 帧中"开始"按钮颜色属性的亮度值为-100%，在第 81～85 帧创建补间动画，效果如图 4-61 所示。

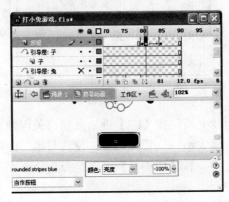

图 4-61　编辑"按钮"图层

（7）在"按钮"图层上方插入一个新图层，命名为"动作"，选中该图层的第 90 帧，按【F6】键插入关键帧，为帧添加代码"stop();"，至此完成"前导动画"影片剪辑元件的制作，效果如图 4-62 所示。

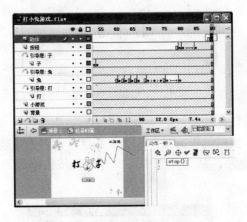

图 4-62　"前导动画"元件的效果

任务四：场景设计

（1）在场景 1 中，重命名"图层 1"为"前导页"，按【Ctrl+L】组合键打开"库"面板，将"前导动画"影片剪辑元件拖放到舞台上，按【Ctrl+K】组合键打开"对齐"面板，设置元件相对于舞台"水平中齐"，"垂直中齐"，效果如图 4-63 所示。

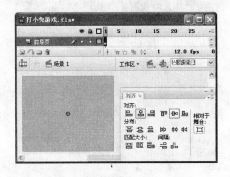

图 4-63　设置"前导页"图层

（2）在"前导页"图层上方插入一个新图层，命名为"出洞"，选中该图层的第 2 帧，按【F6】键插入关键帧，选择"椭圆"工具，绘制一个笔触颜色为#FFCC00，笔触高度为 3 的空心椭圆形，作为放置洞的区域，效果如图 4-64 所示。

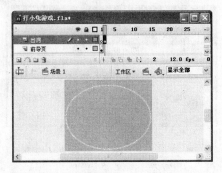

图 4-64　绘制空心椭圆形

（3）从"库"中将"出洞"影片剪辑元件拖放到舞台上，选中"出洞"元件，按住【Alt】键的同时进行拖动，复制出 9 个副本，并依次命名为 m1，m2，…，m10，选中"出洞"图层的第 8 帧，按【F5】键插入普通帧，效果如图 4-65 所示。

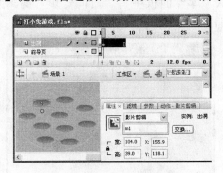

图 4-65　编辑"出洞"图层

（4）在"出洞"图层的上方插入一个新图层，命名为"得分"，选中该图层的第 2 帧，按【F6】键插入关键帧，选择"文本"工具，输入文字"得分"，设置字体为幼圆，大小为 18，颜色为白色，效果如图 4-66 所示。

图 4-66   设置文本的属性

（5）在文字"得分"后面，使用"文本"工具绘制一个动态文本框，并定义其变量名称为"score"，效果如图 4-67 所示。

图 4-67   设置动态文本框的属性

（6）在"得分"图层的上方插入一个新图层，命名为"时间"，选中该图层的第 2 帧，按【F6】键插入关键帧，从"库"面板中将"时间"影片剪辑元件拖放到舞台的右上角，并将实例名称定义为"shijian"，效果如图 4-68 所示。

图 4-68   设置"时间"图层

（7）在"时间"图层的上方插入一个新图层，命名为"锤子"，选中该图层的第 2 帧，按【F6】键插入关键帧，从"库"面板中将"锤子"影片剪辑元件拖放到舞台上，并将实例名称定义为"hammer"，选中该图层的第 8 帧，单击鼠标右键，在弹出的快捷菜单中选择"删除帧"选项，将该帧删除，效果如图 4-69 所示。

图 4-69　设置"锤子"图层

　　（8）在"锤子"图层的上方插入一个新图层，命名为"转场"，选中该图层的第 8 帧，按【F6】键插入关键帧，从"库"面板中将"转场"影片剪辑元件拖放到舞台上，按【Ctrl+K】组合键打开"对齐"面板，设置元件相对于舞台"水平中齐"，"垂直中齐"。

　　（9）在"转场"图层的上方插入一个新图层，命名为"再来一次"，选中该图层的第 8 帧，按【F6】键插入关键帧，从"库"面板中将"再来一次"按钮元件拖放到舞台上，效果如图 4-70 所示。

图 4-70　设置"再来一次"图层

　　（10）在"再来一次"图层的上方插入一个新图层，命名为"激励语"，选中该图层的第 8 帧，按【F6】键插入关键帧，选择"文本"工具，在舞台中间绘制一个动态文本框，设置字体为方正卡通简体，大小为 40，颜色为黑色，加粗，变量名称定义为"text"，效果如图 4-71 所示。

　　（11）至此完成场景设计，即第 1 帧为开始场景，第 2～7 帧为游戏进行中场景，第 8 帧为结束场景。

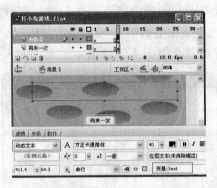

图 4-71 设置"激励语"图层

任务五：动画制作

（1）在"激励语"图层的上方插入一个新图层，命名为"动作"，分别选中该图层的第 2、3、7、8 帧，按【F6】键插入关键帧，选中第 1 帧，按【F9】键打开"动作"面板，为其添加代码"stop();"，效果如图 4-72 所示。

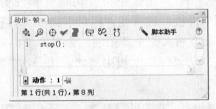

图 4-72 第 1 帧添加代码

（2）选中"动作"图层的第 2 帧，在"动作"面板中为其添加如下代码。

```
Mouse.hide();      //隐藏鼠标
score=0;
startDrag(this.hammer,true);
tellTarget(this.shijian){
    gotoAndPlay(1);
    }
```

效果如图 4-73 所示。

图 4-73 第 2 帧添加代码

（3）选中"动作"图层的第 3 帧，在"动作"面板中为其添加如下代码。

```
num=Number(random(10))+1;
tellTarget("m"+num){
  play();
  }
```

效果如图 4-74 所示。

图 4-74　第 3 帧添加代码

（4）选中"动作"图层的第 7 帧，在"动作"面板中为其添加代码"gotoAndPlay(3);"，效果如图 4-75 所示。

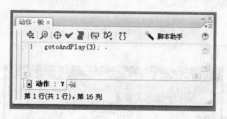

图 4-75　第 7 帧添加代码

（5）选中"动作"图层的第 8 帧，在"动作"面板中为其添加如下代码。

```
stop();
stopDrag();
Mouse.show();
if(_root.score<60){
  _root.text="还需努力哟！";
  }
if((score>=60)&&(score<=80)){
    _root.text="还不错，再加把劲儿！";
    }
if((score>80)&&(score<=120)){
  _root.text="你真棒！";
  }
if(score>120){
  _root.text="你真是太棒了！";
  }
```

效果如图 4-76 所示。

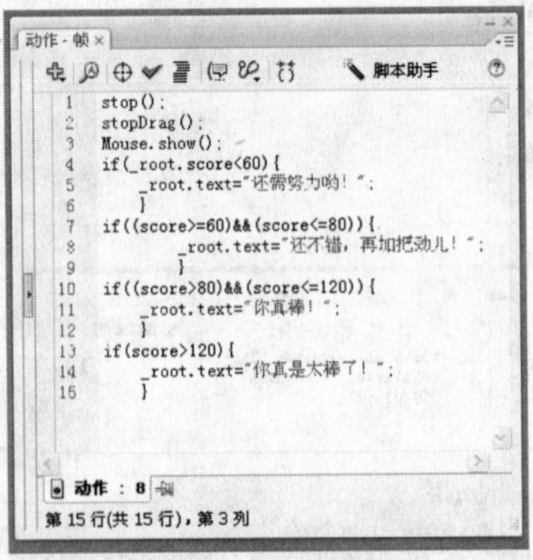

图 4-76　第 8 帧添加代码

（6）选中场景中的"锤子"影片剪辑元件，在"动作"面板中为其添加如下代码。

```
onClipEvent (mouseDown) {
    play();
}
```

效果如图 4-77 所示。

图 4-77　"锤子"元件添加代码

任务六：游戏测试及发布

（1）执行"控制"→"测试影片"命令（或按【Ctrl+Enter】组合键）打开播放器窗口，即可观看动画，效果如图 4-78 所示。

（2）执行"文件"→"导出"→"导出影片"命令，弹出"导出影片"对话框，在"文件名"文本框中输入"打兔子游戏"，"保存类型"选择"Flash 影片"，然后单击"保存"按钮。如果要保存为其他格式，则可在"保存类型"下拉列表中选择需要的文件格式，然后单击"保存"按钮，效果如图 4-79 所示。

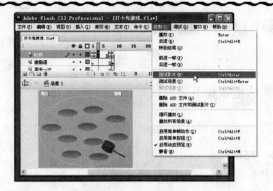

图 4-78 测试影片

图 4-79 "导出影片"对话框

（3）执行"文件"→"发布设置"命令，在弹出的"发布设置"对话框中对文档进行设置，然后单击"发布"按钮，效果如图 4-80 所示。

图 4-80 "发布设置"对话框

拓展能力训练项目——趣味找不同游戏

一、项目任务

设计制作一个益智类的趣味找不同游戏。

二、客户需求

- 舞台大小为 600×350 像素
- 找出两幅图片中不同的地方，即可成功过关

三、关键技术

- 隐形按钮的应用
- 用代码实现对影片剪辑元件的控制
- 条件语句的用法
- 用按钮实现对影片的控制

四、参考效果

趣味找不同游戏的参考效果如图 4-81 所示。

图 4-81　趣味找不同游戏的参考效果

思维开发训练项目

一、项目任务

请同学们根据本节的实训内容，自行设计一款你最喜欢的游戏。

二、参考项目

- 角色扮演类游戏
- 棋牌类游戏
- 射击类游戏
- 对抗类游戏

三、设计要求

风格独特，镜头流畅，画面精致，富有动感。

项目五 公益短片

 **情境导入**

老师：随着 Flash 的发展和影视制作的多元化，Flash 动画短片越来越多地出现在电视节目和网络中。精美、可爱的卡通设计，富有灵气的展现手法，方便的制作方法，低廉的制作成本是它的主要特点。如何制作一个好的短片呢？

学生：有好的剧本和编剧，还要有一个好的动画师。

老师：同学们分析得很正确，制作一个好的 Flash 不但要有这些，还要有好的创意来展现动画丰富的内涵，下面我们就来学习如何制作 Flash 公益短片。

基本能力训练项目——Flash 公益短片奉献爱心

任务一：客户需求及作品策划方案编写

一、设计要求

1. 帧频设定

Flash 短片一般用在网络上、电视节目中或多媒体光盘中，其帧频设定在网络上因受传输的限制，帧频较低，默认 12F/s 即可；在电视节目或多媒体光盘中，因其质量要求较高，一般都设为 25F/s；如果是在 N 制式的电视信号中，则要求为 30F/s，即 Flash 动画的帧频设定受其输出媒介的制约。

2. 剧情脚本的编写

首先创建文字剧本，文字剧本必须有一个灵动的节奏，这样才能使整个故事显得生机勃勃。分镜头台本同样要有一个好的演出节奏，这个节奏必须能够保留并扩张原剧本故事节奏的力度，只有努力保证文字剧本中的各种内涵不在分镜头台本中丢失，这个分镜头台本才是成功的。

3. 动画的节奏和镜头衔接

在电影中，导演和摄影师利用复杂多变的场面调度和镜头调度，交替地使用各种不同的景别，可以使影片剧情的叙述、人物思想感情的表达、人物关系的处理更具有表现力，从而增强影片的艺术感染力。镜头衔接也就是场景转场，经常用的是黑色渐变、白色渐变、直接跳帧，或者空一帧来跳转。如果场景很复杂还能在其中穿插很多复杂的效果，可以利用其他软件辅助来完成，如用 ps 来做模糊渐变转场等，方法很多，主要依个人创造和剧情要求来定。

二、客户需求

《奉献爱心》是以关心弱势群体，构建和谐社会为主题的公益短片，客户要求将以 Flash 动画的形式表现出来。动画内容、节奏都应是舒缓的，具有感召力和影响力，色彩丰富、画面生动，角色造型质朴、可爱。Flash 动画形象贵在创新，而且还要遵循简洁生动、易于绘制的原则。

三、短片脚本设计

Flash 公益短片脚本设计

SC1：以茂密的树叶为背景，近景为树叶摇晃，露珠滴落，引出文字"一滴一滴的水"。

SC2：画面切换，画面的溶入使镜头的切换变得更加柔和。场景一淡出，场景二淡入。绿草青青，河水潺潺，嬉戏的鱼儿在清澈的水中依稀可见，文字渐入。

SC3：蓝天、大海、海鸥、日出，美丽的画面预示着和谐的社会，含有未来更加美好的寓意。场景三中文字渐入、渐出。

SC4：女孩手捧爱心，同时许许多多的爱心犹如一个一个的气泡由下至上的飘浮，引出主题文字"奉献爱心，共建和谐社会"。

四、设计效果

Flash 公益短片奉献爱心的设计效果如图 5-1 所示。

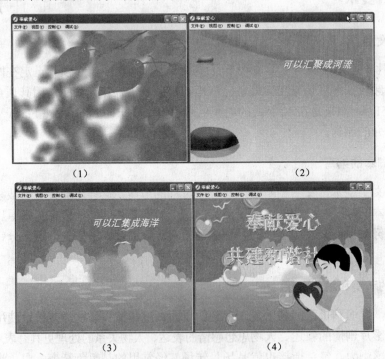

图 5-1 Flash 公益短片奉献爱心的设计效果

任务二：素材准备

一、制作场景（1）素材

（1）新建一个 Flash 文件，设置舞台尺寸为 550×400 像素，背景颜色为绿色，帧频为 12fps，如图 5-2 所示。

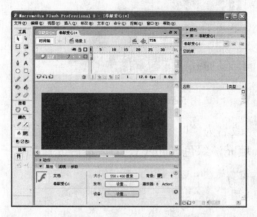

图 5-2　新建 Flash 文件

（2）按【Ctrl+F8】组合键，新建元件"叶子"，单击"确定"按钮后进入该元件的编辑状态，如图 5-3 所示。

图 5-3　新建"叶子"元件

（3）将"图层 1"改名为"叶子"，使用"钢笔"工具绘制叶子的形状并设置渐变色，如图 5-4 所示。

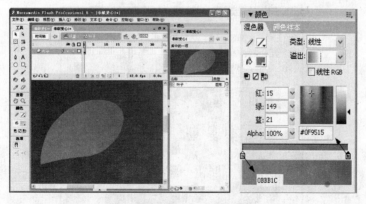

图 5-4　绘制叶子并设置颜色

（4）新建"图层 2"，命名为"叶梗"，使用"笔刷"工具和"选取"工具的变形功能完成叶梗的绘制，并填充深绿色（#0C740C），如图 5-5 所示。

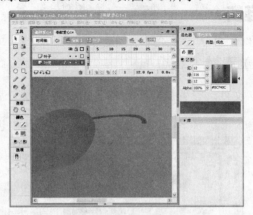

图 5-5　绘制叶梗并设置颜色

（5）新建"图层 3"，改名为"叶脉中"，在该层使用"笔刷"工具和"选取"工具的变形功能绘制一根主叶脉，填充淡绿色（#02CC16），然后放置在叶子中间，如图 5-6 所示。

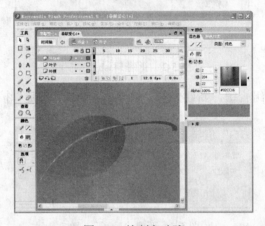

图 5-6　绘制主叶脉

（6）新建"图层 4"，改名为"叶脉四周"，再用上述方法完成细小叶脉的绘制，如图 5-7 所示。

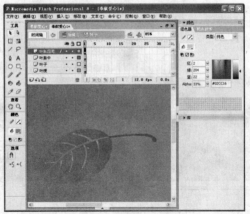

图 5-7　绘制细小叶脉

（7）按【Ctrl+F8】组合键，新建元件"部分树枝"，单击"确定"按钮后进入该元件的
编辑状态，如图 5-8 所示。

图 5-8 新建"部分树枝"元件

（8）在"图层 1"中绘制枝干，以褐色为主，可用渐变色来填充，使枝干看起来更加饱
满，如图 5-9 所示。

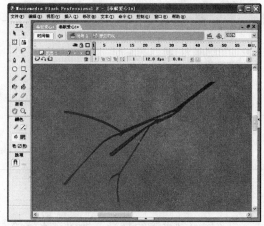

图 5-9 绘制枝干

（9）新建"图层 2"，按【Ctrl+L】组合键打开元件"库"，将元件"叶子"拖曳到元件
"部分树枝"中，使用"任意变形"工具将树叶旋转、放大或缩小，如图 5-10 所示。

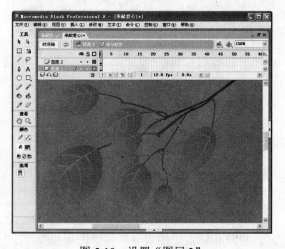

图 5-10 设置"图层 2"

（10）按【Ctrl+F8】组合键，新建元件"水滴"，单击"确定"按钮后进入该元件的编
辑状态，如图 5-11 所示。

图 5-11　新建"水滴"元件

（11）在"图层 1"中绘制正圆形水滴，无边框，宽高设为 40，填充渐变色，如图 5-12
所示（由于显示比例为 800%，故图形显得比较大）。

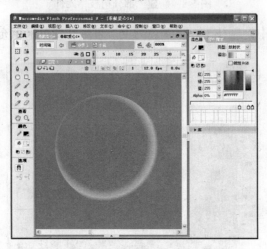

图 5-12　绘制正圆形水滴

（12）新建"图层 2"，在该层绘制水滴的高光，摆放在水滴的左上角，填充渐变色，如
图 5-13 所示。

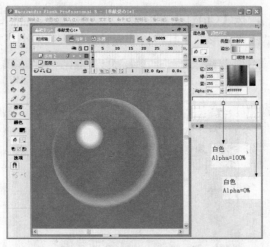

图 5-13　绘制水滴的高光

（13）新建"图层 3"，隐藏和锁定"图层 1"和"图层 2"，在"图层 3"中绘制水滴的
阴影，先绘制大小为 44 的正圆，如图 5-14 所示。

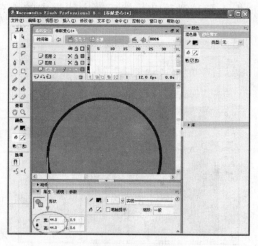

图 5-14 绘制正圆

（14）在该层的黑色正圆边框中填充黑色到透明的放射状渐变色，如图 5-15 所示。

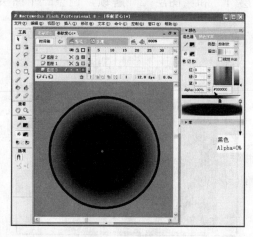

图 5-15 填充颜色

（15）再次选中黑色边框，将其大小改为 40，如图 5-16 所示。

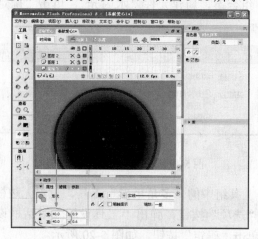

图 5-16 修改圆的大小

（16）将线框选中并向左上角稍微移动，然后选中线框中的填充色及线框本身，将其删除，如图 5-17 所示。

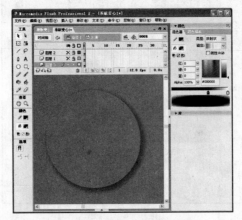

图 5-17　删除填充色和线框

（17）显示并将"图层 1"和"图层 2"解锁，调整三个图层中图形的相对位置，如图 5-18 所示。

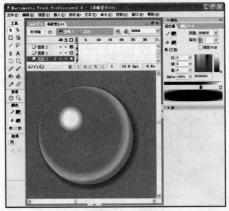

图 5-18　调整图形位置

（18）按【Ctrl+F8】组合键，新建元件"水闪光"，单击"确定"按钮后进入该元件的编辑状态，如图 5-19 所示。

图 5-19　新建"水闪光"元件

（19）选择"矩形"工具组中的"多角星形"工具，设置无边框模式，任意单色，然后在"属性"面板中单击"选项"按钮，弹出"工具设置"对话框设置样式为星形，边数为8，星形顶点大小为 0，单击"确定"按钮，如图 5-20 所示。

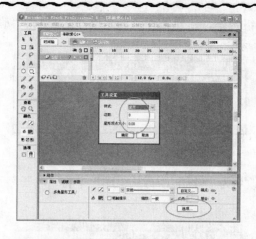

图 5-20 "工具设置"对话框

（20）将显示比例调整为 800%，从元件编辑中心绘制八角星形，由中心向四周填充白色到透明色的放射状渐变色，如图 5-21 所示。

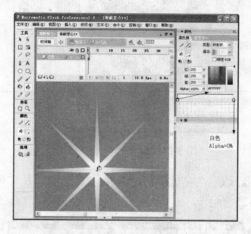

图 5-21 绘制八角星形

（21）新建"图层 2"，在该层再绘制一个小的八角星形，如图 5-22 所示。

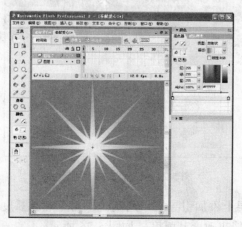

图 5-22 绘制小的八角星形

（22）按【Ctrl+F8】组合键，新建元件"滴水叶子"，单击"确定"按钮后进入该元件的编辑状态，如图 5-23 所示。

图 5-23　新建"滴水叶子"元件

（23）将"图层 1"改名为"叶子"，再从"库"中将"叶子"元件拖放到元件"滴水叶子"中，如图 5-24 所示。

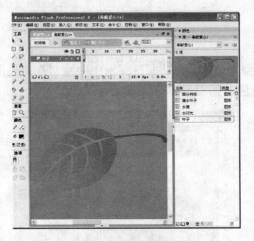

图 5-24　设置"叶子"图层

（24）新建"图层 2"，改名为"水滴"，将元件"水滴"从"库"中拖出，放置在"叶子"元件的顶端，如图 5-25 所示。

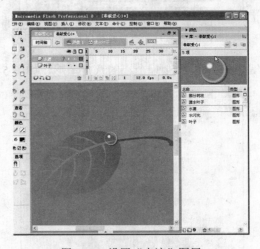

图 5-25　设置"水滴"图层

（25）在"水滴"图层上添加引导层，绘制一条与主叶脉弧度和长度相同的引导线，使用"选取"工具的变形功能来改变其弧度，如图 5-26 所示。

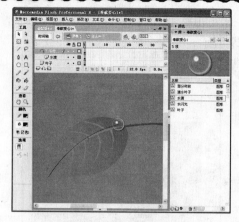

图 5-26 绘制引导线

（26）在这三个图层的第 80、100 帧插入关键帧，然后单击图层"水滴"的第 80 帧，这时舞台中的水滴将被选中，移动水滴使其捕捉到引导线的顶端，如图 5-27 所示。

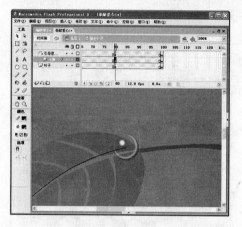

图 5-27 捕捉引导线

（27）再单击图层"水滴"的第 100 帧，移动水滴到引导线的底端，在第 80～100 帧创建补间动画，完成引导动画的制作，如图 5-28 所示。

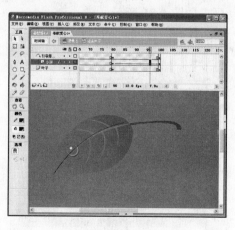

图 5-28 制作引导动画

（28）单击"叶子"层的第 100 帧，选择"任意变形"工具，将"叶子"的编辑中心拖曳到叶梗的根部，如图 5-29 所示。

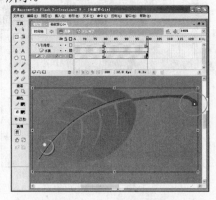

图 5-29　改变编辑中心

（29）在"水滴"层和"叶子"层的第 115 帧插入关键帧，单击"叶子"层的第 115 帧，将"叶子"元件旋转–5°（叶尖稍微向下），如图 5-30 所示。

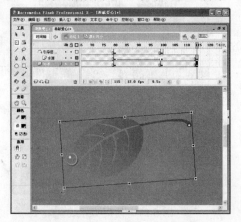

图 5-30　旋转"叶子"的角度

（30）单击"水滴"的层第 115 帧，将水滴移到叶尖。在"水滴"和"叶子"图层的第 100～115 帧分别创建补间动画，如图 5-31 所示。

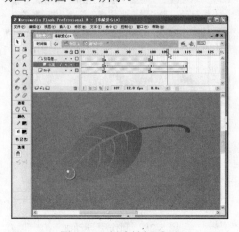

图 5-31　创建补间动画

（31）在这两层的第 120 帧插入关键帧，将叶子的叶尖逆时针旋转 0.5°，使用"任意变形"工具将水滴在水平方向上缩小至椭圆形，并进行旋转，把它放在叶尖的底部，如图 5-32 所示。

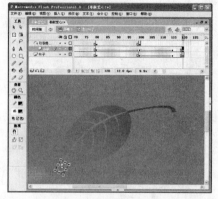

图 5-32　调整水滴

（32）在这两层的第 115～120 帧创建补间动画，如图 5-33 所示。

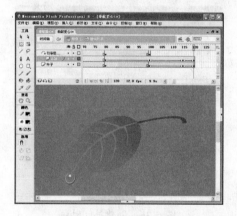

图 5-33　创建补间动画

（33）在"叶子"层的第 125 帧插入关键帧，在"水滴"层的第 124 帧插入关键帧，将第 124 帧中的水滴继续在水平方向上缩放，并放到叶尖最底部，使叶尖与水滴连接一小部分，在两层第 120～125 帧创建补间动画，如图 5-34 所示。

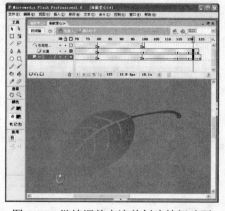

图 5-34　继续调整水滴并创建补间动画

（34）在"水滴"层的第185帧插入关键帧，在"叶子"层的第185帧插入普通帧。单击"水滴"层的第185帧，按住【Shift】键的同时将水滴移至舞台底端，如图5-35所示（显示比例为25%）。

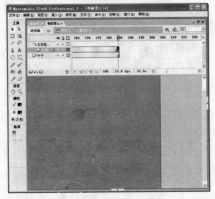

图5-35 移动水滴

（35）在"水滴"层的第124～185帧创建补间动画，如图5-36所示。

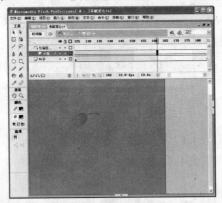

图5-36 创建补间动画

（36）新建"图层4"，命名为"闪光"，在该层的第123帧插入关键帧，按【Ctrl+L】组合键，打开"库"面板，将元件"水闪光"拖出并放在"水滴"元件的底部，将水滴的大小设置为50，如图5-37所示。

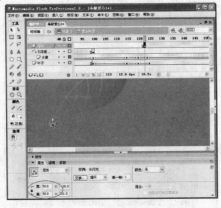

图5-37 设置"闪光"图层

（37）在该层第 185 帧插入关键帧，让"水闪光"随着"水滴"的轨迹下滑，将"水闪光"放在第 185 帧中的"水滴"底部，如图 5-38 所示。

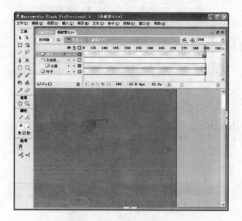

图 5-38 编辑第 185 帧

（38）单击"闪光"层的第 125 帧，插入关键帧，再单击第 123 帧，将该帧上"水闪光"的 Alpha 值设置为 10%，如图 5-39 所示。

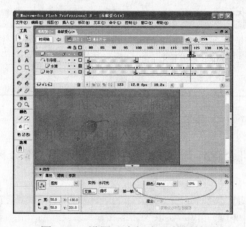

图 5-39 设置"水闪光"的属性

（39）在"闪光"层的第 123～125 帧和第 125～185 帧创建补间动画，如图 5-40 所示。

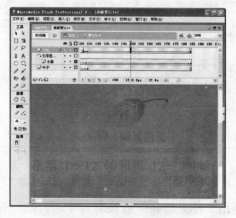

图 5-40 创建补间动画

（40）单击各层的第 315 帧，插入普通帧，如图 5-41 所示。

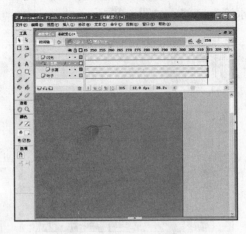

图 5-41　插入普通帧

（41）按【Ctrl+F8】组合键，新建元件"全部树叶"，单击"确定"按钮后进入该元件的编辑状态，如图 5-42 所示。

图 5-42　新建"全部树叶"元件

（42）按【Ctrl+L】组合键打开"库"面板，将元件"部分树枝"拖放在舞台中央，如图 5-43 所示。

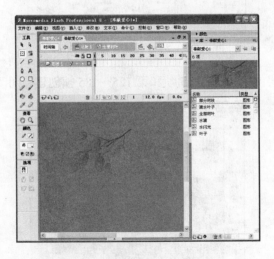

图 5-43　设置"全部树叶"元件

（43）再从"库"中拖出"部分树枝"放在舞台中间，然后打开"属性"面板，为其设置颜色属性，将其色调调整为绿色（#339933），50%，如图 5-44 所示。

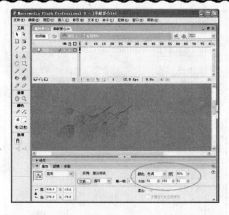

图 5-44　设置"部分树枝"元件的颜色属性

（44）将改变色调的树枝缩小，旋转，按【Ctrl+T】组合键，打开"变形"面板，将缩放比例调整为 70%，旋转–20°，如图 5-45 所示。

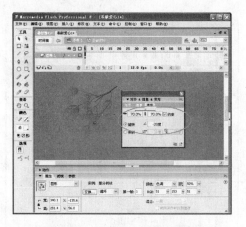

图 5-45　"变形"面板的设置

（45）再次拖出"部分树枝"元件，将其置于舞台中央，将三个树枝任意摆放，效果如图 5-46 所示。

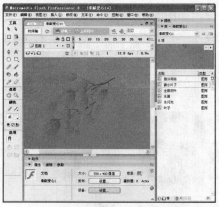

图 5-46　调整元件的位置

（46）新建图层，命名为"零散树叶"，按【Ctrl+L】组合键打开"库"面板，拖出几个"叶子"元件，添加在树叶中，以遮挡住树枝或是效果不佳的地方，如图 5-47 所示。

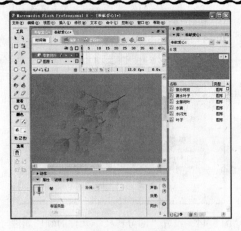

图 5-47　设置"零散树叶"图层

（47）新建图层，命名为"滴水树叶 1"，从"库"中拖出"滴水叶子"并放在树枝上，如图 5-48 所示。

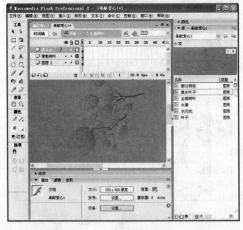

图 5-48　设置"滴水树叶 1"图层

（48）新建图层，命名为"滴水树叶 2"，从"库"中再次拖出"滴水叶子"放在树叶中，调整图层，达到最佳效果，如图 5-49 所示。

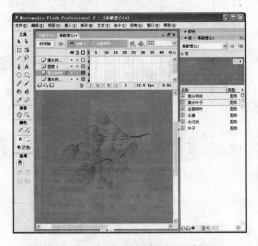

图 5-49　设置"滴水树叶 2"图层

（49）在"滴水树叶 2"层的第 45 帧插入关键帧，再单击该层的第 1 帧，按[Ctrl+B]组合键，将其打散，目的是让第 1 帧中的"滴水叶子"不再有滴水效果，在各层的第 310 帧插入普通帧，如图 5-50 所示。

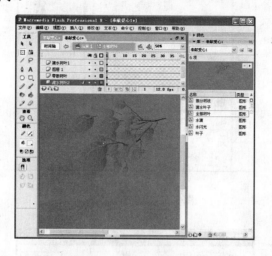

图 5-50 编辑图层

（50）单击"滴水树叶 2"层的第 45 帧，再单击该层舞台中的"滴水树叶"，设置"属性"面板中实例的播放属性，将"第一帧"中的"45"改为"1"，如图 5-51 所示。

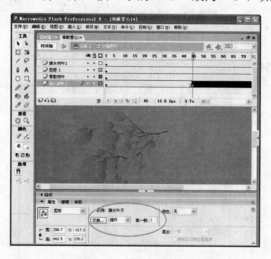

图 5-51 设置实例的播放属性

（51）按【Ctrl+E】组合键，回到主场景当中。按【Ctrl+O】组合键，打开素材文件，在"库"中将素材文件"叶子图片"拖动到舞台中，如图 5-52 所示。

（52）选中"叶子图片"，按【F8】键，将其转换为元件，命名为"背景叶子"，属性为图形，如图 5-53 所示。至此，场景（1）中的素材制作完成。

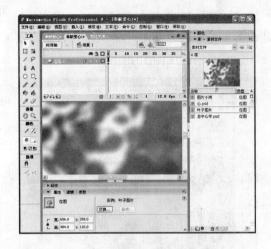

图 5-52　打开素材文件

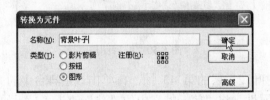

图 5-53　"转换为元件"对话框

（53）在元件"库"中新建一个文件夹，命名为"场景一树叶"，将所有制作的元件拖放到该文件夹中，如图 5-54 所示。

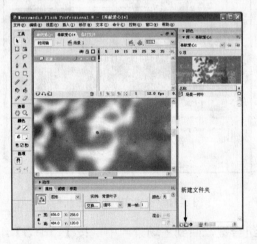

图 5-54　新建"场景一树叶"文件夹

二、制作场景（2）素材

（1）按【Ctrl+F8】组合键，新建元件"波纹"，单击"确定"按钮后进入其编辑状态，如图 5-55 所示。

图 5-55 新建"波纹"元件

（2）选择"椭圆"工具，绘制一个黑色边框白色填充的椭圆，然后选中黑色边框，用方向键把边框向左上方移动，如图 5-56 所示。

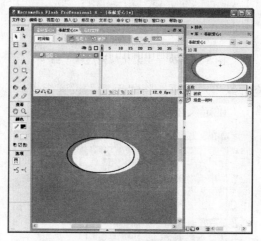

图 5-56 绘制椭圆

（3）选中黑色边框以内的圆，按【Delete】键将其删除，再将黑色边框删除，如图 5-57 所示。

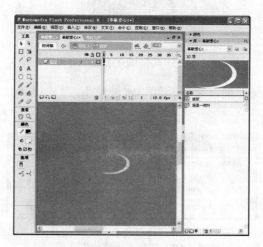

图 5-57 删除圆和边框

（4）将此图形放置在舞台居中的位置，选中该图形，然后执行"修改"→"形状"→"柔化填充边缘"命令，如图 5-58 所示。

图 5-58　执行 "柔化填充边缘" 命令

（5）弹出 "柔化填充边缘" 对话框，将 "距离" 设置为 "4"，"步骤数" 设置为 "4"，"方向" 选择 "插入"，单击 "确定" 按钮，如图 5-59 所示。

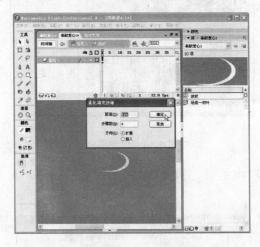

图 5-59　　"柔化填充边缘" 对话框

（6）按【Ctrl+F8】组合键，新建元件 "水波纹"，单击 "确定" 按钮后进入其编辑状态，如图 5-60 所示。

图 5-60　新建 "水波纹" 元件

（7）将 "波纹" 从元件 "库" 中拖出，放在舞台居中的位置，将其 Alpha 值设置为 35%，如图 5-61 所示。

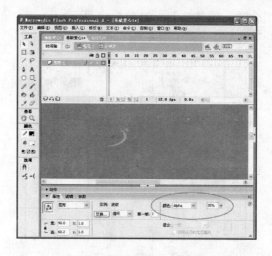

图 5-61 设置"波纹"元件的属性

（8）单击"图层 1"的第 12 帧，按【F6】键插入关键帧。选中第 12 帧中的"波纹"，将它的 Alpha 值设置为 0%，然后按【Ctrl+T】组合键，打开"变形"面板将它缩放至原来的 127%，在第 1～12 帧创建补间动画，如图 5-62 所示。

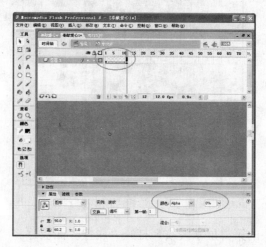

图 5-62 编辑"图层 1"

（9）按【Ctrl+F8】组合键，新建元件"小河"，单击"确定"按钮后进入其编辑状态，如图 5-63 所示。

图 5-63 新建"小河"元件

（10）按【Ctrl+L】组合键，打开"库"面板，将素材文件"图片小河"拖出，放在舞台中央，按【Ctrl+B】组合键，将其打散，如图 5-64 所示。

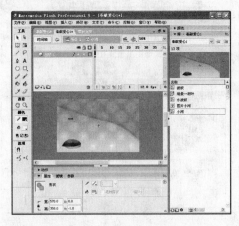

图 5-64　设置"小河"元件

（11）新建"图层 2"，在本文件的"库"中分三次拖出"水波纹"元件，把这三个元件放在两块石头的周围，在两层的第 24 帧插入普通帧，如图 5-65 所示。

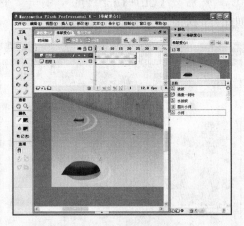

图 5-65　编辑"图层 2"

（12）单击远处石头的第二层水波纹，打开"属性"面板，将"第一帧"设置为"3"，如图 5-66 所示。

图 5-66　"属性"面板的设置

（13）按【Ctrl+F8】组合键，新建元件"小鱼游"，单击"确定"按钮后进入其编辑状态，如图5-67所示。

图5-67 新建"小鱼游"元件

（14）按【Ctrl+L】组合键，打开"库"面板，将素材文件 "小鱼"拖出，放在舞台中央，如图5-68所示。

图5-68 设置"小鱼游"元件

（15）单击图层控制区的"添加运动引导层"按钮，选择"铅笔"工具，在引导层上绘制引导线，如图5-69所示。

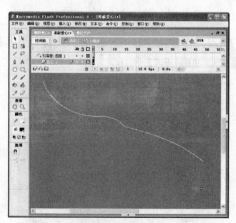

图5-69 绘制引导线

（16）将"小鱼游"拖放到引导线的起点，使用"任意变形"工具调整"小鱼游"头的方向并将"小鱼游"元件缩小50%，如图5-70所示。

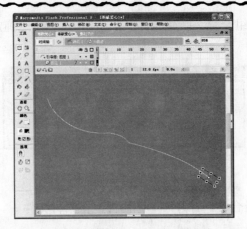

图 5-70　调整"小鱼游"元件

（17）单击引导层的第 145 帧，按【F5】键，插入普通帧，锁定引导层，单击"图层 1"的第 145 帧，按【F6】键，插入关键帧并将元件"小鱼游"拖放在引导线的末端。在"图层 1"的第 1～145 帧创建补间动画，如图 5-71 所示。

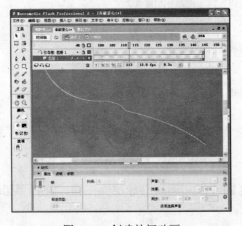

图 5-71　创建补间动画

（18）在"图层 1"中插入几个关键帧，在这几个关键帧中调整元件"小鱼游"中鱼头的方向，使这段动画更加逼真，如图 5-72 所示。

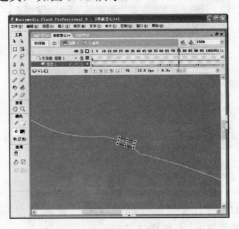

图 5-72　插入关键帧

（19）在元件"库"中新建一个文件夹，命名为"场景二小河"，将场景（2）中的元件素材拖放到这个文件夹当中，如图 5-73 所示。

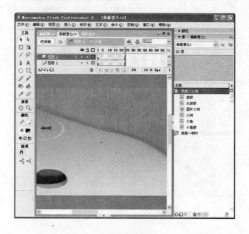

图 5-73　新建"场景二小河"文件夹

三、制作场景（3）素材

（1）按【Ctrl+F8】组合键，新建元件"白云"，单击"确定"按钮后进入其编辑状态，如图 5-74 所示。

图 5-74　新建"白云"元件

（2）选择"椭圆"工具，设置为黑色边框白色填充，在舞台中绘制多个椭圆，使其堆成小山的形状，然后双击黑色边框，将其删除，绘制出白云的形状，如图 5-75 所示。

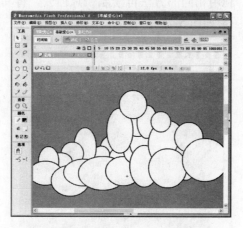

图 5-75　绘制白云形状

（75）将线框删除后，再将白色的云图形加以调整，如图 5-76 所示。

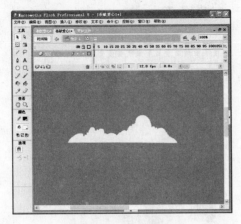

图 5-76　调整云图形

（3）新建"图层 2"，利用相同的方法再绘制一片白云，将其白色填充的透明度设置为90%，"图层 2"中白云的图形如图 5-77 所示。

图 5-77　"图层 2"中白云的图形

（4）新建"图层 3"，利用相同的方法再绘制一片白云，将其白色填充的透明度设置为80%，"图层 3"中白云的图形如图 5-78 所示。

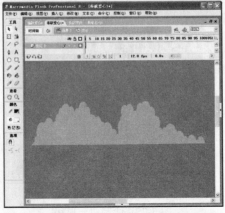

图 5-78　"图层 3"中白云的图形

（5）调整图层顺序，最后"白云"元件的效果如图 5-79 所示。

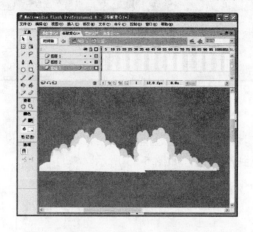

图 5-79　"白云"元件的效果

（6）按【Ctrl+F8】组合键，新建元件"太阳"，单击"确定"按钮后进入其编辑状态，如图 5-80 所示。

图 5-80　新建"太阳"元件

（7）选择"椭圆"工具，设置为无边框模式，绘制一个正圆，大小设为 147，在混色器的渐变类型中选择"放射状"渐变，填充红色（#FF6428）→红色→透明的渐变色，如图 5-81 所示。

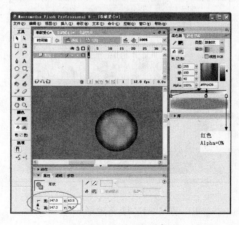

图 5-81　绘制正圆

（8）按【Ctrl+F8】组合键，新建元件"海水"，单击"确定"按钮后进入其编辑状态，如图 5-82 所示。

图 5-82　新建"海水"元件

（9）选择"矩形"工具，设置为无边框模式，绘制矩形，宽设为 900，高设为 165，然后将填充色编辑为蓝绿色到深蓝色，如图 5-83 所示。

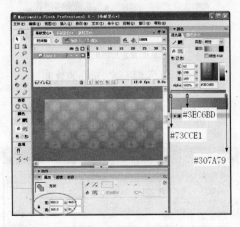

图 5-83　绘制矩形

（10）使用"颜料桶"工具进行填充，再使用"填充变形"工具改变渐变方向，如图 5-84 所示。

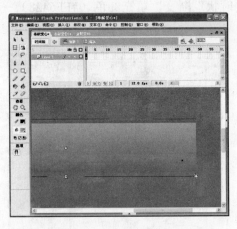

图 5-84　填充矩形颜色

（11）按【Ctrl+F8】组合键，新建元件"海上云倒影 1"，属性为影片剪辑，单击"确定"按钮后进入其编辑状态，如图 5-85 所示。

图 5-85 新建"海上云倒影 1"元件

（12）选择"椭圆"工具，绘制一个宽为 170，高为 60 的椭圆，填充色设为白色，如图 5-86 所示。

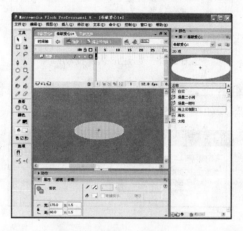

图 5-86 绘制椭圆

（13）分别在该层的第 12 帧和第 20 帧插入关键帧，然后单击第 12 帧，将该帧中的椭圆压扁并向左上方移动，如图 5-87 所示。

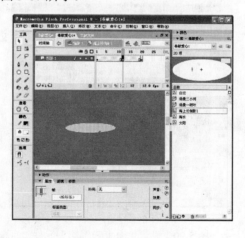

图 5-87 编辑图层

（14）打开"属性"面板，在第 1～12 帧和第 12～20 帧创建形状渐变动画，如图 5-88 所示。

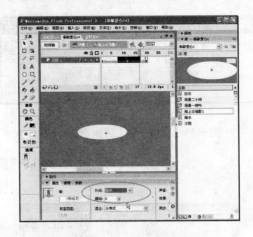

图 5-88　创建形状渐变动画

（15）按【Ctrl+F8】组合键，新建元件"海上云倒影"，属性为影片剪辑，单击"确定"按钮后进入其编辑状态，如图 5-89 所示。

图 5-89　新建"海上云倒影"元件

（16）将多个"海上云倒影 1"元件拖到舞台中，排列成倒三角形，可任意调整元件的大小，如图 5-90 所示。

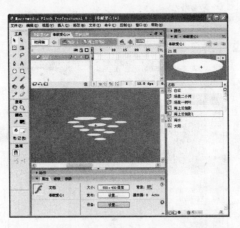

图 5-90　设置"海上云倒影"元件

（17）单击该层的第 20 帧，按【F5】键，插入普通帧，如图 5-91 所示。

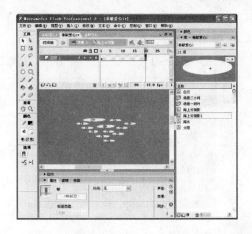

图 5-91 插入普通帧

（18）按【Ctrl+F8】组合键，新建元件"海鸥飞"，属性为影片剪辑，单击"确定"按钮后进入其编辑状态，如图 5-92 所示。

图 5-92 新建"海鸥飞"元件

（19）打开素材文件库，将元件"海鸥"拖放到"海鸥飞"元件中，按【Ctrl+T】组合键，打开"变形"面板，在输入框中输入"25%"，将元件缩小为原来的 25%，如图 5-93 所示。

图 5-93 设置"海鸥飞"元件

（20）单击图层控制区的"添加运动引导层"按钮，添加一个引导层，绘制一条"海鸥"飞的引导线并将元件拖曳到引导线的起点，如图 5-94 所示。

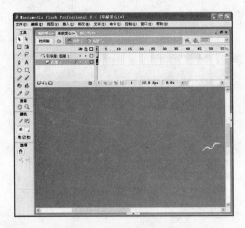

图 5-94　绘制引导线

（21）单击"图层 1"和引导层的第 200 帧，按【F6】键，插入关键帧，单击"图层 1"中的"海鸥"，将其拖曳到引导线的终点，在第 1～200 帧创建补间动画，如图 5-95 所示。

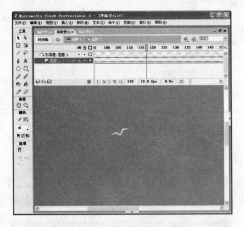

图 5-95　创建补间动画

（22）在引导层上新建"图层 3"，再次拖出一个"海鸥"元件，按【Ctrl+T】组合键，打开"变形"面板，在输入框中输入"25%"，将元件缩小为原来的 25%，如图 5-96 所示。

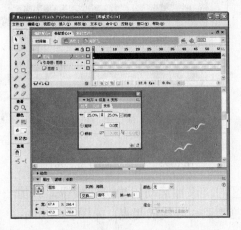

图 5-96　设置"图层 3"

（23）在"图层 3"上新建引导层，利用同样的方法制作另一只"海鸥"飞的动画，为了让两只"海鸥"飞得更逼真，可以将"图层 3"的第 1 帧向后移几帧，如图 5-97 所示。

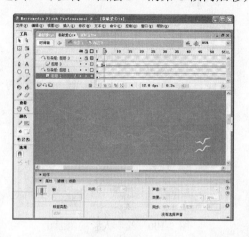

图 5-97 制作"海鸥"飞的动画

（24）按【Ctrl+E】组合键，回到主场景中，在元件"库"中新建一个文件夹，命名为"场景三大海"，将场景（3）中的元件素材拖放到这个文件夹当中，如图 5-98 所示。

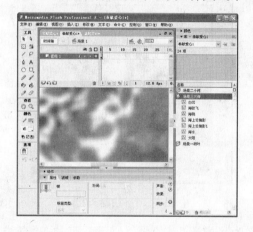

图 5-98 新建"场景三大海"文件夹

四、制作场景（4）素材

（1）按【Ctrl+F8】组合键，新建元件"人物"，属性为影片剪辑，单击"确定"按钮后进入其编辑状态，如图 5-99 所示。

图 5-99 新建"人物"元件

（2）将"图层 1"命名为"脸"，在该图层上绘制人脸的侧面，注意在下巴和脖子的连接处有一块阴影，设置肤色的颜色为#FDD6B9，阴影的颜色为#FCC6A7，如图 5-100 所示。

图 5-100　绘制人脸的侧面

（3）新建图层，命名为"头发"，使用"直线"工具和"选择"工具完成头发的制作，如图 5-101 所示。

图 5-101　绘制头发

（4）新建图层，命名为"衣服"，使用"钢笔"工具、"直线"工具、"节点"工具和"选择"工具完成衣服的制作，颜色自选，如图 5-102 所示。

图 5-102　绘制衣服

（5）新建图层，命名为"胳膊"，绘制胳膊，颜色使用肤色，手指间的阴影使用阴影颜色，如图 5-103 所示。

图 5-103　绘制胳膊

（6）新建图层，命名"袖子"，绘制袖子，如图 5-104 所示。

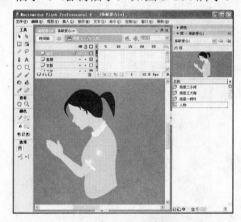

图 5-104　绘制袖子

（7）新建图层，命名为"袖口阴影"，绘制袖子和胳膊的阴影，将本图层拖放到"胳膊"层之下，如图 5-105 所示。

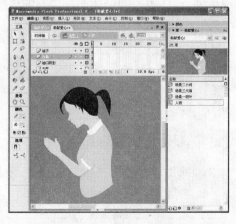

图 5-105　绘制袖子和胳膊的阴影

（8）新建图层，命名为"耳朵"，绘制耳朵，如图 5-106 所示。

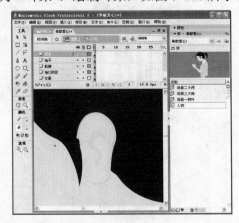

图 5-106　绘制耳朵

（9）新建图层，命名为"胳膊 2"，将图层"胳膊"中的胳膊进行复制，粘贴到"胳膊 2"图层中，将"胳膊 2"图层拖到最下方，成为最底层，调整胳膊的相对位置，如图 5-107 所示。

图 5-107　绘制另一个胳膊

（10）新建图层，命名为"嘴"，在脸的嘴部绘制红色的嘴，如图 5-108 所示。

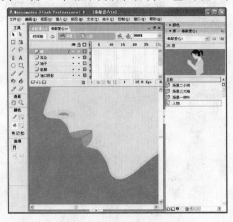

图 5-108　绘制嘴

（11）新建图层，命名为"眼睛"，按【Ctrl+L】组合键，打开素材"库"，将元件"眼睛"拖出，放在"眼睛"层，然后在本层绘制眉毛，如图 5-109 所示。

图 5-109　绘制眼睛和眉毛

（12）在所有图层的第 70 帧插入普通帧，如图 5-110 所示。

图 5-110　插入普通帧

（13）按【Ctrl+F8】组合键，新建元件"心"，属性为图形，单击"确定"按钮后进入其编辑状态，如图 5-111 所示。

图 5-111　新建"心"元件

（14）使用"钢笔"工具和"节点"工具完成红心的绘制（显示比例为 400%），如图 5-112 所示。

图 5-112 绘制红心

（15）新建"图层 2"，在该层中绘制高光，选择"笔刷"工具，画出两条高光，再使用"平滑"工具将其多次平滑，直到满意为止，如图 5-113 所示。

图 5-113 绘制高光

（16）按【Ctrl+F8】组合键，新建元件"心 1"，属性为影片剪辑，单击"确定"按钮后进入其编辑状态，如图 5-114 所示。

图 5-114 新建"心 1"元件

（17）从"库"中拖出元件"心"，放置在舞台中央，如图 5-115 所示。

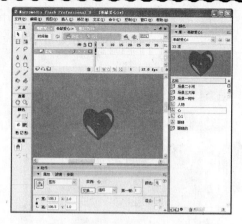

图 5-115　设置"心 1"元件

（18）新建"图层 2"，在素材文件"库"中拖出图片"心"，然后，单击图片，按【F8】键，将其转换为元件，命名为"心-光"，如图 5-116 所示。

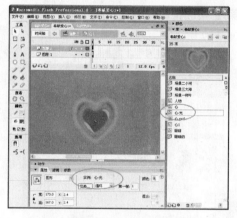

图 5-116　设置"图层 2"

（17）新建"图层 3"，再次将元件"心-光"拖出，放在舞台的中心，与"图层 2"中的元件"心-光"重叠，调整图层，将"心"放在最上层，在这三层的第 20 帧插入普通帧，如图 5-117 所示。

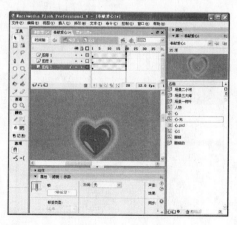

图 5-117　设置"图层 3"

（20）在"图层 2"和"图层 3"的第 20 帧插入关键帧，选中这两层的第 20 帧，使用"任意变形"工具或"变形"面板，把"心-光"元件放大至原来的 130%，并把 Alpha 值设置为 0%，在两层的第 1～20 帧创建补间动画。

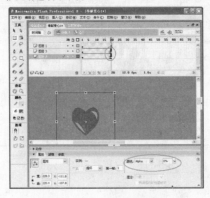

图 5-118　创建补间动画

（21）将"图层 3"的第 1 帧选中，按住【Alt】键的同时，向后拖曳到第 10 帧，将第 1 帧复制到第 10 帧中，如图 5-119 所示。

图 5-119　复制帧

（22）按【Ctrl+L】组合键打开"库"面板，双击"人物"元件，进入其编辑状态，在"胳膊 2"层上方新建图层，命名为"心"，把影片剪辑"心 1"放到女孩的手中，如图 5-120 所示。

图 5-120　设置"心"图层

（23）按【Ctrl+F8】组合键，新建元件"水滴和心"，属性为图形，单击"确定"按钮后进入其编辑状态，如图5-121所示。

图5-121 新建"水滴和心"元件

（24）按【Ctrl+L】组合键，打开"库"面板，从"场景一树叶"文件夹中的"水滴"元件拖放到舞台中央，新建"图层2"，将图形元件"心"拖放到舞台中央，如图5-122所示。

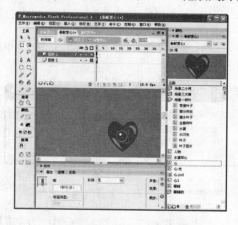

图5-122 拖入元件

（25）按【Ctrl+T】组合键，打开"变形"面板，将"心"缩放为原来的40%，然后在"属性"面板中，将其颜色属性中的色调改为55%的白色，如图5-123所示。

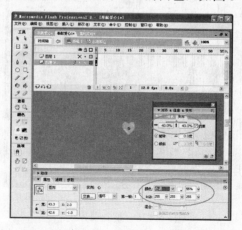

图5-123 设置"心"元件的属性

（26）单击"图层1"的第1帧，选中水滴，按【Ctrl+T】组合键，打开"变形"面板，将"心"缩放为原来的135%，如图5-124所示。

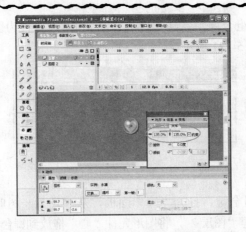

图 5-124　缩放"心"元件

（27）按【Ctrl+F8】组合键，新建元件"上升气泡"，属性为影片剪辑，单击"确定"按钮后进入其编辑状态，如图 5-125 所示。

图 5-125　新建"上升气泡"元件

（28）从"库"中将元件"水滴和心"拖放到舞台中，在该层之上建立引导层，使用"铅笔"工具绘制引导线，如图 5-126 所示。

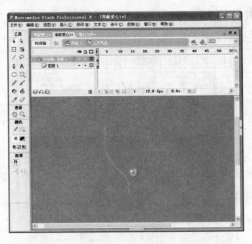

图 5-126　绘制引导线

（29）单击"图层 1"中的气泡（"水滴和心"元件），将它放在引导线的下端，使其捕捉到线的起点，如图 5-127 所示。

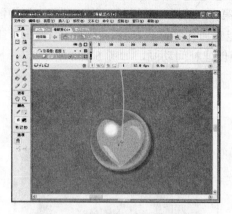

图 5-127 捕捉引导线的起点

（30）在引导层的第 45 帧插入普通帧，在"图层 1"的第 45 帧插入关键帧。将"图层 1"中的气泡沿路径向上移至线的末端，要保证气泡的中心能够捕捉到路径，在"图层 1"的第 1～45 帧创建补间动画，如图 5-128 所示。

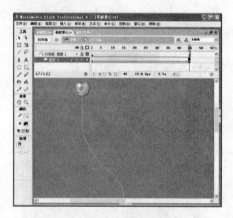

图 5-128 创建补间动画

（31）在引导层上新建"图层 3"，从"库"中将元件"水滴和心"拖放到舞台中，在该层之上建立引导层，使用"铅笔"工具绘制引导线，让被引导的气泡捕捉到路径的起点，如图 5-129 所示。

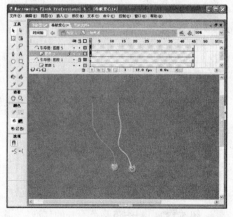

图 5-129 绘制引导线并捕捉起点

（32）在"图层 3"的第 45 帧插入关键帧。将"图层 3"中的气泡沿路径向上移至线的末端，要保证气泡的中心能够捕捉到路径，再使用"任意变形"工具将气泡稍微变大，然后在"图层 3"的第 1～45 帧创建补间动画，如图 5-130 所示。

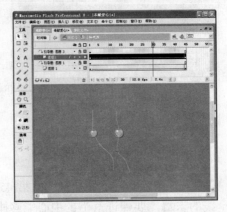

图 5-130　设置"图层 3"

（33）单击"图层 3"，将该层的帧全部选中并向后移动，使动画从第 5 帧开始，制作延时效果，如图 5-131 所示。

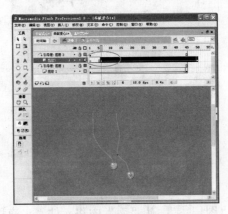

图 5-131　制作延时效果

（34）按照同样的方法再制作几个随路径上升的气泡，如图 5-132 所示。

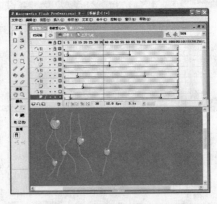

图 5-132　制作随路径上升的气泡

（35）按【Ctrl+F8】组合键，新建元件"气泡背景"，属性为影片剪辑，单击"确定"
按钮后进入其编辑状态，如图 5-133 所示。

图 5-133 新建"气泡背景"元件

（36）从"库"中拖出一个"上升气泡"元件，放在舞台居中的位置，在"图层 1"的
第 700 帧插入普通帧，如图 5-134 所示。

图 5-134 设置"图层 1"

（37）分别新建"图层 2"和"图层 3"，在"图层 2"的第 40 帧插入关键帧，在"图层
3"的第 80 帧插入关键帧，单击这两个关键帧，再分别从"库"中拖出两个"上升气泡"元
件，放在舞台居中的位置，如图 5-135 所示。

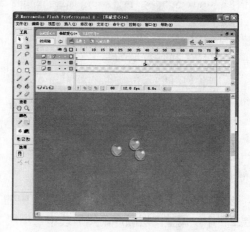

图 5-135 设置"图层 2"和"图层 3"

（38）在元件"库"中新建一个文件夹，命名为"人和心背景"，将所有制作的元件拖放
到该文件夹中，如图 5-136 所示。

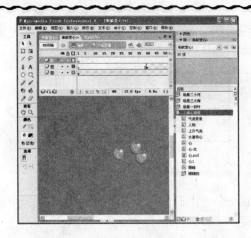

图 5-136　新建"人和心背景"文件夹

（39）按【Ctrl+F8】组合键，新建元件"1"，属性为图形，单击"确定"按钮后进入其编辑状态，如图 5-137 所示。

图 5-137　新建"1"元件

（40）选择"文本"工具，打开"属性"面板，设置文本属性为黑体、30、白色、加粗、倾斜，输入文本"一滴一滴的水"，如图 5-138 所示。

图 5-138　设置并输入文本

（41）新建"图层 2"，按【Ctrl+C】组合键复制"图层 1"中的文字，按【Ctrl+Shift+V】组合键，将其粘贴到"图层 2"中，调整图层顺序，然后选中"图层 2"中的文字，在"属性"面板中设置字体颜色为浅蓝色，最后将蓝色的字向右下方移动几个像素，如图 5-139 所示。

（42）按照上述方法分别制作其他 5 个文字元件，并分别命名为"2"、"3"、"4"、"5"、"6"，各文字元件的效果如图 5-140 所示。

图 5-139 设置"图层 2"

（a）"2"元件

（b）"3"元件

（c）"4"元件

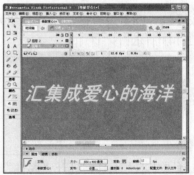

（d）"5"元件

（e）"6"元件

（f）"库"中的文字元件

图 5-140 各文字元件的效果

（43）按【Ctrl+F8】组合键，新建元件"奉献爱心"，属性为图形，单击"确定"按钮后进入其编辑状态，如图 5-141 所示。

图 5-141　新建"奉献爱心"元件

（44）打开素材"库"文件，将图片"主题"，拖放到舞台中央，如图 5-142 所示。

图 5-142　设置"奉献爱心"元件

（45）按【Ctrl+F8】组合键，新建按钮元件"重播"，单击"确定"按钮后进入其编辑状态，如图 5-143 所示。

图 5-143　新建"重播"元件

（46）选择"文本"工具，打开"属性"面板，设置文本属性为黑体、130、淡粉色、加粗，输入文字"重播"，在"点击"帧上插入普通帧，如图 5-144 所示。

图 5-144　设置并输入文本

（47）新建"图层 2"，按【Ctrl+C】组合键，复制"图层 1"中的文本"重播"，按【Ctrl+S hift+V】组合键原位置粘贴到"图层 2"中，然后将它向右下方移动几个像素，调换"图层 1"和"图层 2"的顺序，设置显示比例为200%，如图 5-145 所示。

图 5-145 设置"图层 2"

（48）新建"图层 3"，从"库"中拖出"水滴和心"元件并放大，然后将"图层 3"移到"图层 2"下方，如图 5-146 所示。

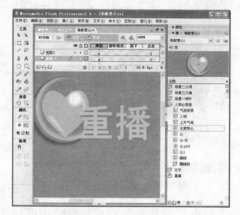

图 5-146 设置"图层 3"

任务三：场景设计

（1）新建图形元件"场景 1"，单击"确定"按钮后进入其编辑状态，如图 5-147 所示。

图 5-147 新建"场景 1"元件

（2）绘制一个白框黑色的矩形，双击图形，将边框和黑色填充全部选中，将它的宽设置为 1500，高设置为 1000，按【Ctrl+K】组合键打开"对齐"面板，单击"水平中齐"按钮和"垂直中齐"按钮，使图形居中，如图 5-148 所示。

图 5-148　绘制矩形

（3）双击黑色矩形的白边框，将其全部选中，然后再将白色边框的宽改为 550，高改为 400，按【Enter】键确认，如图 5-149 所示。

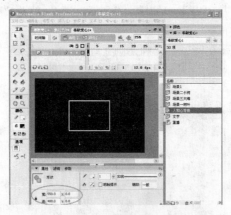

图 5-149　修改矩形的边框

（4）选中白框中间的黑色矩形，将其删除，再将白色边框删除。按【Ctrl+G】组合键，将剩下的图形组合起来，再按【F8】键，将组合的图形转换为图形元件，命名为"遮幕"，在该层的第 410 帧插入普通帧，如图 5-150 所示。

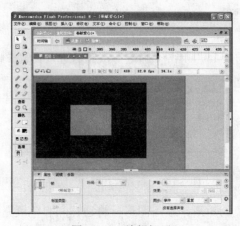

图 5-150　编辑矩形

（5）新建"图层 2"，调换"图层 1"和"图层 2"的顺序，从"库"中将"叶子图片"拖放到舞台中央，使遮幕遮住图片的四周，选中"叶子图片"，按【F8】键，将其转换为图形元件，如图 5-151 所示。

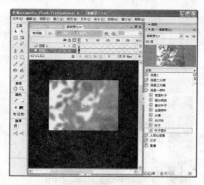

图 5-151　设置"图层 2"

（6）新建"图层 3"，将"图层 3"放到"图层 2"的上方，将"叶子图片"元件缩放为原来的 50%，放在舞台的右上角，如图 5-152 所示。

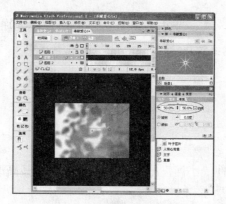

图 5-152　设置"图层 3"

（7）单击"图层 2"的第 80 帧，按【F6】键，插入关键帧，选中舞台上的"树叶背景"，按【Ctrl+T】组合键打开"变形"面板，将其缩放为原来的 90%，按【Enter】键确认，在第 1～80 帧创建补间动画，如图 5-153 所示。

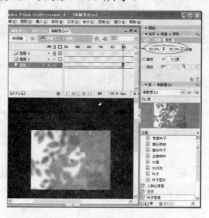

图 5-153　为"图层 2"创建补间动画

（8）单击"图层 3"的第 80 帧，按【F6】键，插入关键帧，选中舞台上的"全部树叶"，按【Ctrl+T】组合键打开"变形"面板，将其缩放为原来的 75%，按【Enter】键确认，调整该实例的位置，在第 1～80 帧创建补间动画，如图 5-154 所示。

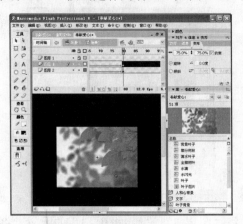

图 5-154　为"图层 3"创建补间动画

（9）新建图形元件"场景 2"，单击"确定"按钮后进入其编辑状态，如图 5-155 所示。

图 5-155　新建"场景 2"元件

（10）从"库"中将元件"小河"拖放到舞台中央，将其高改为 400，在本层的第 280 帧插入关键帧，如图 5-156 所示。

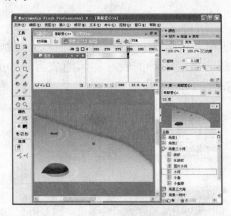

图 5-156　插入关键帧

（11）新建"图层 2"，在本层的第 60 帧插入关键帧，拖出元件"小鱼游"并放在"小河"元件的右下角，在"属性"面板中设置它的 Alpha 值为 45%，如图 5-157 所示。

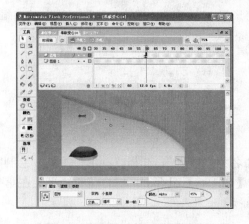

图 5-157　设置"图层 2"

（12）新建"图层 3"，在本层的第 65 帧插入关键帧，拖出元件"小鱼游"并放在"小河"元件的右下角，在"属性"面板中设置它的 Alpha 值为 60%，如图 5-158 所示。

图 5-158　设置"图层 3"

（13）新建"图层 4"，将元件"遮幕"拖放到舞台中央，按【Ctrl+K】组合键打开"对齐"面板，单击"水平中齐"按钮和"垂直中齐"按钮，使"遮幕"居中于编辑模式的中心点，如图 5-159 所示。

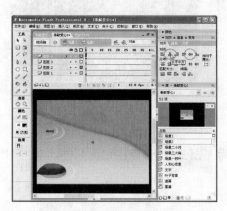

图 5-159　设置"图层 4"

（14）新建图形元件"场景3"，单击"确定"按钮后进入其编辑状态，如图5-160所示。

图5-160　新建"场景3"元件

（15）将"图层1"命名为"蓝天"，选择"矩形"工具，绘制宽为900，高为500的矩形，填充色设为蓝色，按【Ctrl+G】组合键，组合蓝色矩形，在第700帧插入普通帧，如图5-161所示。

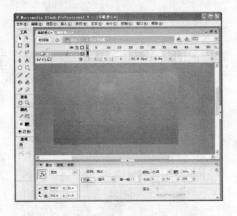

图5-161　绘制矩形

（16）新建图层，命名为"遮幕"，在"库"中将"遮幕"元件拖放到舞台中，使其与舞台的中心对齐，如图5-162所示。

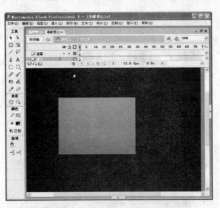

图5-162　拖入"遮幕"元件

（17）新建图层，命名为"白云"，调整图层的顺序，从"库"中将"白云"元件拖放到舞台中，如图5-163所示。

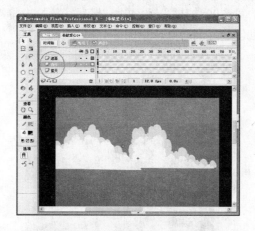

图 5-163   拖入"白云"元件

（18）在"白云"层的第 700 帧插入关键帧，然后在该帧中，将"白云"元件向右移动约 15 个像素，在第 1～700 帧创建补间动画，如图 5-164 所示。

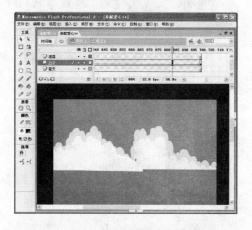

图 5-164   为"白云"图层创建补间动画

（19）新建图层"太阳"，从"库"中将"太阳"元件拖放到舞台中，如图 5-165 所示。

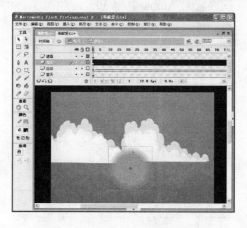

图 5-165   拖入"太阳"元件

（20）在"太阳"层的第 700 帧插入关键帧，然后在该帧中将"太阳"元件向上移动至遮幕之外，在第 1～700 帧创建补间动画，如图 5-166 所示。

图 5-166 为"太阳"图层创建补间动画

（21）新建图层"大海"，从"库"中将"海水"元件拖放到舞台中，如图 5-167 所示。

图 5-167 拖入"海水"元件

（22）新建图层"云倒影"，从"库"中将"海上云倒影"元件拖放到舞台中，使用"变形"工具将其适当放大，并设置它的 Alpha 值为 30%，如图 5-168 所示。

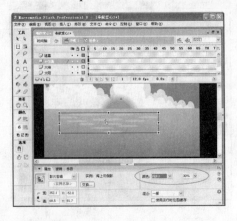

图 5-168 拖入"海上云倒影"元件

（23）新建图层"海鸥"，从"库"中将"海鸥飞"元件拖放到舞台右侧，选择"遮幕"层，单击"显示轮廓"按钮，将遮幕以线框的形式显示，便于调整海鸥的位置，如图 5-169 所示。

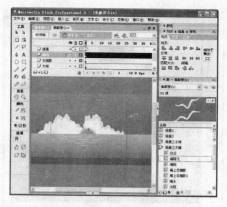

图 5-169　拖入"海鸥飞"元件

（24）新建图层"心"，在第 510 帧插入关键帧，从"库"中将"气泡背景"元件拖放到舞台的下方，如图 5-170 所示。

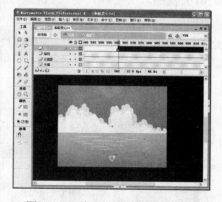

图 5-170　拖入"气泡背景"元件

（25）新建图层"人"，在第 185 帧插入关键帧，从"库"中将"人物"元件，拖放到舞台中，打开"变形"面板，将其缩放为原来的 240%，如图 5-171 所示。

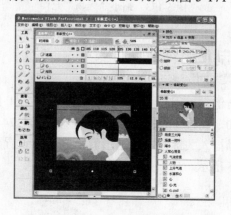

图 5-171　拖入"人物"元件

（26）在"人"图层的第 220 帧插入关键帧，再单击第 185 帧，选中这帧中的"人物"元件，打开"属性"面板，将它的 Alpha 值调整为 0%，在第 185～220 帧创建补间动画，如图 5-172 所示。

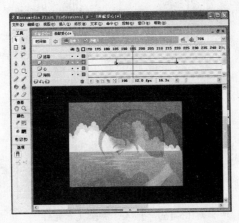

图 5-172　为"人"图层创建补间动画

（27）在"人"图层的第 610 帧插入关键帧，将"人物"元件缩小，并移动到合适的位置，在第 220～610 帧创建补间动画，如图 5-173 所示。

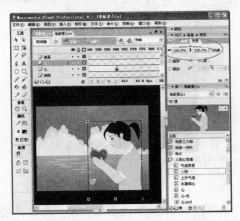

图 5-173　缩小"人物"元件

任务四：主动画制作

（1）按【Ctrl+E】组合键，返回到主场景。选择"矩形"工具，设置为无边框模式，填充色设为白色，宽设为 800，高设为 600，绘制矩形，如图 5-174 所示。

（2）在本层的第 15 帧插入关键帧，将矩形的 Alpha 值设置为 0%，在第 1～15 帧创建形状渐变动画，如图 5-175 所示。

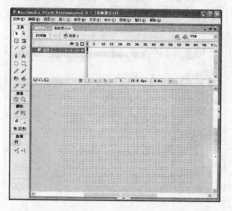

图 5-174 绘制矩形

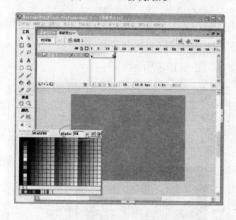

图 5-175 创建形状渐变动画

（3）新建图层"遮幕"，从"库"中拖出元件"遮幕"，用"对齐"面板使其与舞台中央对齐，在本层的第 1245 帧按【F5】键，插入普通帧，如图 5-176 所示。

图 5-176 拖入"遮幕"元件

（4）新建图层"一"，使该层位于所有图层的最下方。从"库"中将元件"场景 1"拖放到舞台中央，使其与舞台中央对齐，在本层的第 280 帧按【F7】键，插入空白关键帧，如图 5-177 所示。

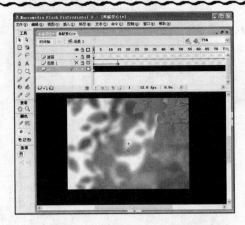

图 5-177　拖入"场景 1"元件

（5）新建图层"二"，使该层位于图层"一"之上。单击本层的第 280 帧插入关键帧，从"库"中将元件"场景 2"拖放到舞台中央，使其与舞台中央对齐，在本层的第 550 帧按【F7】键，插入空白关键帧，如图 5-178 所示。

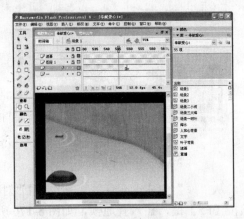

图 5-178　拖入"场景 2"元件

（6）新建图层"三"，使该层位于图层"二"之上。单击本层的第 545 帧插入关键帧，从"库"中将元件"场景 3"拖放到舞台中央，使其与舞台中央对齐，在本层的第 1245 帧按【F5】键，插入普通帧，如图 5-179 所示。

图 5-179　拖入"场景 3"元件

（7）分别单击"图层1"的第260、280、300帧按【F6】键，插入关键帧，如图5-180所示。

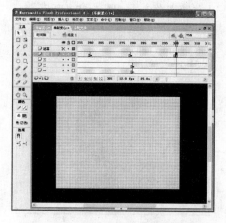

图 5-180　插入关键帧

（8）单击"图层1"的第280帧，将白色透明的矩形填充色的 Alpha 值改为 100%，如图 5-181 所示。

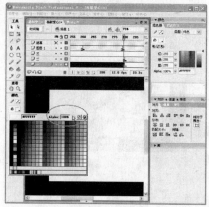

图 5-181　改变矩形的填充色

（9）在本层的第260～280帧和第280～300帧创建形状补间动画，如图5-182所示。

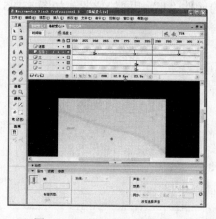

图 5-182　创建形状补间动画

（10）在图层"三"之上新建图层"文字"。在本层的第 190 帧按【F6】键，插入关键帧，从"库"中将"文字"文件夹中的元件"1"拖放到舞台的右下方（这时可以隐藏并锁定"遮幕"层和"图层 1"，以方便操作），如图 5-183 所示。

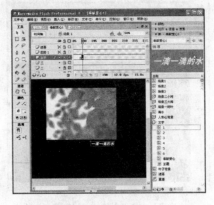

图 5-183　拖入"1"元件

（11）在本层的第 205、245、260 帧插入关键帧，在第 261 帧中按【F7】键，插入空白关键帧，如图 5-184 所示。

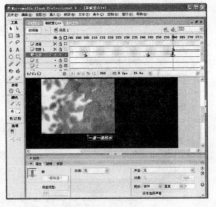

图 5-184　编辑图层"三"

（12）单击本层的第 205 帧，将元件"1"拖入舞台的可见部分，再单击第 245 帧，将元件"1"拖入和第 205 帧中的元件"1"相同的位置，如图 5-185 所示。

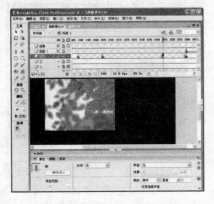

图 5-185　再次拖入"1"元件

（13）将第 190 帧和第 260 帧中"1"元件的透明度设为 0%，在四个关键帧之间创建运动补间动画，如图 5-186 所示。

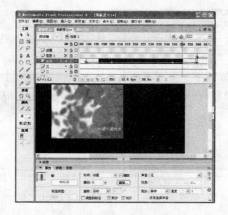

图 5-186　创建运动补间动画

（14）在本层的第 425 帧插入关键帧，将"库"中的元件"2"拖入舞台中，在本层的第 445、500、515 帧插入关键帧，第 516 帧插入空白关键帧，如图 5-187 所示。

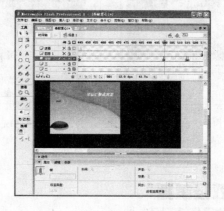

图 5-187　拖入"2"元件

（15）将第 190 帧和 260 帧中"2"元件的透明度设为 0%，在四个关键帧之间创建运动补间动画，如图 5-188 所示。

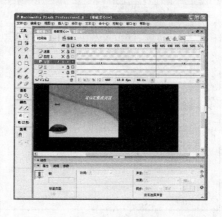

图 5-188　创建运动补间动画

（16）按照以上方法，将元件"3"、"4""5"、"6"加入短片中，各元件的效果如图 5-189 所示。

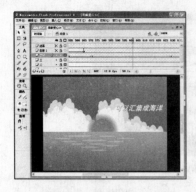

（a）"3"元件

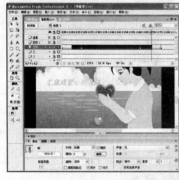

（c）"5"元件

（d）"4"元件

（d）"6"元件

图 5-189　各元件的效果

任务五：设置音效及重播

（1）在"文字"层第 1245 插入关键帧，按【F9】键打开"动作"面板，输入命令 "stop();"，如图 5-190 所示。

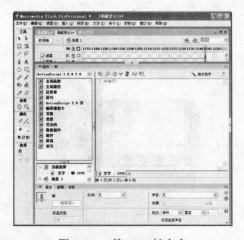

图 5-190　第 1245 帧命令

（2）单击本层的第 1245 帧，从"库"中拖出"重播"按钮，将其缩小放在舞台左下角，如图 5-191 所示。

图 5-191 拖入"重播"按钮

（3）单击"重播"按钮元件，按【F9】键，打开"动作"面板，输入命令，如图 5-192 所示。

图 5-192 "重播"按钮元件命令

（4）新建图层，命名为"音乐"，从素材文件"库"中拖出声音文件，这时，本层的时间轴上出现音频，在"属性"面板的声音同步模式中选择"事件"、"循环"，如图 5-193 所示。

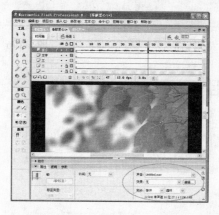

图 5-193 拖入声音元件

（5）至此，本例的制作部分已完成，执行"控制"→"测试影片"命令（或按【Ctrl+Enter】组合键打开播放器窗口，即可观看动画，效果如图 5-194 所示。

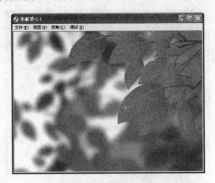

图 5-194　观看动画效果

（6）执行"文件"→"导出"→"导出影片"命令，打开"导出影片"对话框在"文件名"文本框中输入"奉献爱心"，"保存类型"选择"Flash 影片"，然后单击"保存"按钮。如果要保存为其他格式，则可在"保存类型"下拉列表中选择需要的文件格式，然后再单击"保存"按钮，效果如图 5-195 所示。

（7）执行"文件"→"发布设置"命令，在弹出的"发布设置"对话框中对文档进行设置，然后单击"发布"按钮，效果如图 5-196 所示。

图 5-195　"导出影片"对话框

图 5-196　"发布设置"对话框

拓展能力训练项目——Flash 商业广告

一、项目任务

设计 Flash 情景短片。

二、关键技术

● 素材的处理

- 补间动画的应用
- 按钮动画效果的实现
- 声音的播放控制
- 用 AS 脚本控制影片剪辑

三、参考效果

Flash 商业广告的参考效果如图 5-197 所示。

图 5-197　Flash 商业广告的参考效果

思维开发训练项目

一、项目任务

请同学们根据本节的实训内容，设计以"法制"为主题的 Flash 短片。

二、参考项目

- 情感型短片
- 幽默型短片
- 哲理型短片
- 探索型短片
- 商业型短片

三、设计要求

风格独特，镜头流畅，内容完整，画面精致。

项目六　Flash 课件

情境导入

老师：知道用哪些软件可以制作课件吗？

学生：知道，有 Powerpoint、Flash、Authorware 等。

老师：在这些软件中，哪个软件制作的课件既能保证文件所占内存小，又能保证动画生动形象呢？

学生：当然是 Flash 了。

老师：是的，Flash 课件拥有强大的交互性、小巧的文件、生动美观的画面，可以把作品内容直观地表现出来，更易于理解和接受。那我们现在就进入 Flash 课件的制作中好吗？

学生：好。

基本能力训练项目——"Flash 动画制作流程"课件

任务一：课件制作流程规划

一、制作要求

课件的使用者要对自己的制作要求有明确的想法，课件的每一环节如何展现要有详细的设计，也就是使用者要把自己的想法写成明确的脚本，让人一看就能明白每个环节表现的内容是什么，想要以什么方式呈现出来。

从课件的展示方式上来说，可以分为演示型和交互型（包括自主学习型、模拟实验型、训练复习型、教学游戏型、资料工具型）两大类，课件《Flash 动画制作流程》采用演示型课件的方式，利用文字和图片把动画制作的完整工作流程展示出来。

二、课件脚本设计

SC1：一红色线条从左侧入画，进入画面中间后向上下分开，随着线条的展开，一幅山水及翠竹画面展现出来。这时，太阳从下向上逐渐升起，可以看到太阳的中心出现了 Flash 的标志 FL，同时画面底部出现文字"Flash 动画制作流程"。

SC2：画面切换，随着红色线条从左向右逐渐显示，画面底部出现红色矩形，上面显示文字"Flash 动画制作流程"。同时，线条右上角出现"跟我学…"不断闪动的文字动画，左上角是动画制作流程的标题，中间白色部分显示该动画流程所对应的文字和图片。红色矩形条的两端分别显示向前和向后翻页的按钮（这里应保证第一页时，向前按钮不可用，最后一页时，向后按钮不可用）。

SC3：单击向后翻页按钮，画面切换，标题和正文部分的内容随之发生改变。

SC4～11：同 SC3，更改标题和正文部分的内容。

SC12：单击画面底部文字，画面切换至封面的图画。随着 FL 文字的消失，太阳落下并逐渐消失，两根红色线条向中间合拢，翠竹画面随之消失，退出动画。

三、课件界面

Flash 动画制作流程课件界面如图 6-1 所示。

图 6-1　Flash 动画制作流程课件界面

任务二：素材准备

一、导入图片素材

（1）新建一个 Flash 文件（ActionScript 2.0），设置舞台的大小为 800×600 像素，背景颜色为白色，单击"确定"按钮，保存文件名为"课件.fla"，如图 6-2 所示。

图 6-2　"文档属性"对话框

（2）执行"文件"→"导入"→"导入到库"命令，弹出"导入到库"对话框，选中"sucai"文件夹中的全部图片文件，单击"打开"按钮，将所有的素材图片导入到元件"库"中，如图 6-3 所示。

图 6-3 "导入到库"对话框

（3）按【Ctrl+L】组合键打开"库"面板，选中所有的图片文件，然后在选中的图片上单击鼠标右键，在弹出的快捷菜单中选择"移至新文件夹"选项，弹出"新建文件夹"对话框，输入名称"pic"，单击"确定"按钮，将图片全部移入"pic"文件夹内，如图 6-4 所示。

图 6-4 "新建文件夹"对话框

二、制作按钮素材

制作隐形按钮

（1）按【Ctrl+F8】组合键新建元件，弹出"创建新元件"对话框，在"名称"栏输入"btn"，"类型"选择"按钮"，单击"确定"按钮，进入按钮元件的编辑窗口，如图 6-5 所示。

图 6-5 "创建新元件"对话框

（2）在"点击"帧按【F6】键插入关键帧，选择"矩形"工具，设置属性为无边框，填充颜色任意，在舞台中央绘制一个矩形，如图 6-6 所示。

图 6-6 绘制矩形

制作翻页按钮

（3）返回场景 1 中，执行"窗口"→"公用库"→"按钮"命令，打开"公用库"面板，在其中选择"playback flat"文件夹，双击打开，选择其中的"flat blue play"按钮，将其拖曳到舞台中，并删除舞台中的按钮，如图 6-7 所示。

（4）按【Ctrl+L】组合键打开"库"面板，将"flat blue play"按钮重命名为"next"，双击进入其编辑窗口，将舞台的显示比例放大为 400%，在"指针经过"帧插入关键帧，修改该帧中三角形的填充颜色为红色，如图 6-8 所示。

图 6-7 添加按钮　　　　　　　　　　　图 6-8 编辑按钮

三、制作 FL 文字

（1）按【Ctrl+F8】组合键新建元件，弹出"创建新元件"对话框，在"名称"栏输入"fl"，"类型"选择"图形"，单击"确定"按钮，进入图形元件的编辑窗口，如图 6-9 所示。

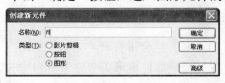

图 6-9 新建"fl"元件

（2）将舞台背景颜色改为灰色，选择"文本"工具，在"属性"面板中设置字体颜色为白色，字号为 52，在舞台中央输入文字"FL"。使用"文本"工具选择"F"，设置字体为"Tahoma"，再选择"L"，设置字体为"Bahamas"，然后将舞台背景颜色改为白色，如图 6-10 所示。

图 6-10 输入文字

四、制作矩形遮罩

（1）按【Ctrl+F8】组合键新建元件，弹出"创建新元件"对话框，在"名称"栏输入"pic1-z"，"类型"选择"图形"，单击"确定"按钮，进入图形元件的编辑窗口，如图 6-11 所示。

图 6-11　新建"pic1-z"元件

（2）选择"矩形"工具，在"属性"面板中设置为无边框，填充颜色为绿色，在舞台中心绘制一个矩形，如图 6-12 所示。

（3）选中该矩形，按【Ctrl+I】组合键打开"信息"面板，设置矩形的宽为 800 像素，高为 329 像素，如图 6-13 所示。

图 6-12　绘制矩形

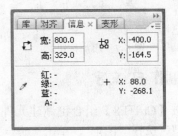

图 6-13　设置矩形的宽和高

（4）选中该矩形，按【Ctrl+K】组合键打开"对齐"面板，单击"相对于舞台"按钮、"水平中齐"按钮、"垂直中齐"按钮，使矩形完全位于舞台中央，如图 6-14 所示。

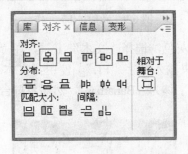

图 6-14　设置矩形居中对齐

五、绘制太阳

（1）按【Ctrl+F8】组合键新建元件，弹出"创建新元件"对话框，在"名称"栏输入"sun"，"类型"选择"图形"，单击"确定"按钮，进入图形元件的编辑窗口，如图 6-15 所示。

图 6-15 新建 "sun" 元件

（2）选择 "椭圆" 工具，在 "颜色" 面板中设置为无边框，线性填充，填充颜色为橘黄（#FFA011）到白色（#FFFFFF）的线性渐变，如图 6-16 所示。

（3）按住【Shift】键在舞台中绘制一个正圆，选中圆形，在 "对齐" 面板中调整其位于舞台中心，选择 "渐变变形" 工具，调整其填充方向为从上至下，如图 6-17 所示。

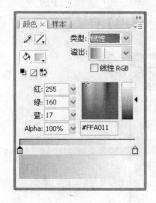

图 6-16 "颜色" 面板的设置

图 6-17 绘制正圆

六、制作 "gwx-mc" 影片剪辑元件

（1）按【Ctrl+F8】组合键新建元件，弹出 "创建新元件" 对话框，在 "名称" 栏输入 "gwx-mc"，"类型" 选择 "影片剪辑"，单击 "确定" 按钮，进入影片剪辑元件的编辑窗口，如图 6-18 所示。

图 6-18 新建 "gwx-mc" 元件

（2）选择 "文本" 工具，在 "属性" 面板中设置字体为隶书，字号为 40，在舞台中输入 "跟我学…"，选中文字，按两次【Ctrl+B】组合键，将文字打散，为几个文字分别设置不同的颜色，颜色可任意选择，如图 6-19 所示。

（3）将舞台中的文字全部选中，在文字上单击鼠标右键，在弹出的快捷菜单中选择 "分散到图层" 选项，按照文字顺序从上到下把图层依次命名为 "跟"、"我"、"学"、"1"、"2"、"3"，并删除多余的图层，如图 6-20 所示。

图 6-19 输入文本

图 6-20 将文字分散到图层

（4）选中所有层的第 8、15 帧，按【F6】键插入关键帧，分别修改每一个关键帧文字的颜色，使各帧文字的颜色不同即可，在各层的第 22 帧按【F5】键插入普通帧，如图 6-21 所示。

图 6-21 插入帧

任务三：动画制作

一、设置舞台背景

（1）将"图层 1"重命名为"background"，从"库"面板中把"背景.jpg"图片拖曳到舞台中，如图 6-22 所示。

（2）选中图片，按【Ctrl+K】组合键打开"对齐"面板，单击"相对于舞台"、"匹配宽和高"、"水平中齐"、"垂直中齐"按钮，使图片和舞台大小一致，并且完全重合，在第 3 帧按【F5】键插入普通帧，如图 6-23 所示。

图 6-22 拖入"背景.jpg"图片

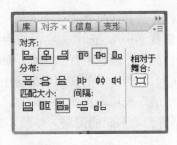

图 6-23 设置图片

二、制作封面动画

（1）新建"图层 2"，将"图层 2"重命名为"content"。选择"直线"工具，按住【Shift】键在舞台中绘制一条直线，选中该直线，在"属性"面板中设置颜色为红色，粗细为 5 像素，线型为直线，宽为 800 像素，将直线移至舞台偏上的位置，左右与舞台两端对齐，如图 6-24 所示。

（2）选中该直线，按【F8】键将其转换为影片剪辑元件，名称为"fm"，单击"确定"按钮，如图 6-25 所示。

图 6-24 绘制直线

图 6-25 "转换为元件"对话框

（3）双击直线进入"fm"影片剪辑元件的编辑窗口中，将"图层 1"重命名为"线1"，在该图层的第 5、15 帧分别按【F6】键插入关键帧，将第 1 帧中的直线完全平移至舞台左侧，选中第 15 帧的直线，按住【Alt】键拖曳，复制一条直线，将复制的直线移至舞台中央偏下的位置，在第 1～5 帧、5～15 帧的任意一帧上单击鼠标右键，在弹出的快捷菜单中选择"创建补间形状"选项，如图 6-26 所示。

（4）在"线 1"图层下方新建"图层 2"，将"图层 2"重命名为"pic1"。在"pic1"图层的第 5 帧按【F6】键插入关键帧，从"库"面板中把"pic1.jpg"图片拖曳到舞台中，在第 15 帧按【F5】键插入普通帧，调整图片的大小，使其正好位于两条直线中间，如图 6-27 所示。

图 6-26 编辑"fm"元件

图 6-27 编辑"pic1"图层

（5）在"pic1"层上方新建"图层 3"，将"图层 3"重命名为"pic1-z"。在"pic1-z"图层的第 5 帧按【F6】键插入关键帧，从"库"面板中把"pic1-z"图形元件拖入舞台中，使其与"pic1.jpg"图片完全重合，如图 6-28 所示。

（6）在"pic1-z"图层的第 15 帧按【F6】键插入关键帧，选中第 5 帧中的图形元件，在"信息"面板中调整图形的高为 1，在第 5~15 帧创建补间动画，在"pic1-z"图层上单击鼠标右键，在弹出的快捷菜单中选择"遮罩层"选项，这样可以制作出图片随直线同步出现的动画，选中所有图层的第 35 帧按【F5】键插入帧，如图 6-29 所示。

图 6-28　编辑"pic1-z"图层

图 6-29　设置"pic1-z"图层

（7）在"线 1"层上方新建"图层 4"，将"图层 4"重命名为"sun"，在该层的第 15 帧按【F6】键插入关键帧，从"库"面板中把"sun"图形元件拖入舞台中，如图 6-30 所示。

（8）在"sun"层的第 25 帧按【F6】键插入关键帧，把"sun"元件向上移动一段距离，选中第 15 帧中的图形元件，在"属性"面板的"颜色"下拉列表中调整 Alpha 值为 0%，使太阳完全透明，在第 15~25 帧创建补间动画，第 35 帧按【F5】键插入帧，如图 6-31 所示。

图 6-30　拖入"sun"元件

图 6-31　设置"sun"图层

（9）在"sun"层上方新建"图层 5"，将"图层 5"重命名为"fl"，在该层的第 26 帧按【F6】键插入关键帧，从"库"面板中把"fl"图形元件拖入舞台中，与太阳重合，如图 6-32 所示。

（10）在"fl"层上方新建"图层 6"，将"图层 6"重命名为"txt"，在该层的第 26 帧按【F6】键插入关键帧，选择"文本"工具，在"属性"面板上设置字体为幼圆，字号为 50，粗体，颜色为红色，在舞台中输入文字"Flash 动画制作流程"，放于舞台下方并居中，如图 6-33 所示。

图 6-32　拖入 "fl" 元件　　　　　　　　　　图 6-33　输入文本

（11）选择 "滤镜" 面板，选中舞台中的文字，为文字添加投影滤镜，设置投影颜色为黄色（#ffff00），角度为 45，距离为 1，如图 6-34 所示。

（12）在 "txt" 层上方新建 "图层 7"，将 "图层 7" 重命名为 "txt-z"，在该层的第 26 帧按【F6】键插入关键帧，选择 "矩形" 工具，在文字左侧绘制一个任意颜色的矩形，如图 6-35 所示。

图 6-34　为文字添加投影滤镜　　　　　　　　图 6-35　绘制矩形

（13）在 "txt-z" 层的第 35 帧按【F6】键插入关键帧，使用 "任意变形" 工具调整矩形的大小，使其正好覆盖整个文字，在第 25～35 帧创建补间形状，在 "txt-z" 层上单击鼠标右键，在弹出的快捷菜单中选择 "遮罩层" 选项，即可制作出文字从左到右逐渐出现的动画，如图 6-36 所示。

图 6-36　制作文字从左到右逐渐出现动画

三、制作课件主要内容

（1）返回场景 1 中，在"content"层的第 2 帧按【F7】键插入空白关键帧，选择"直线"工具，设置线型为直线，粗细为 5，颜色为红色，在舞台中绘制一小段线条，如图 6-37 所示。

（2）选中该线条，按【F8】键将其转换为影片剪辑元件，名称为"bj1"，单击"确定"按钮，如图 6-38 所示。

图 6-37　绘制线条　　　　　　　　　　图 6-38　"转换为元件"对话框

（3）双击线条进入"bj1"影片剪辑元件的编辑窗口中，将"图层 1"重命名为"xian1"，在该图层的第 2 帧按【F6】键插入关键帧，使用"直线"工具接着在第 1 帧的线条后面再绘制一段线条，如图 6-39 所示。

（4）同理，在第 3～7 帧之间的每一帧都用逐帧动画的方法绘制出线条，制作出线条逐渐出现的效果，在第 17 帧按【F5】键插入帧，完成的线条效果如图 6-40 所示。

图 6-39　绘制线条　　　　　　　　　　图 6-40　完成的线条效果

（5）在"xian1"层下方新建"图层 2"，将"图层 2"重命名为"bj2"，选中该层的第 1 帧，使用"矩形"工具在舞台下方绘制一个红色矩形，设置该矩形的宽为 800 像素，高为 68 像素，底边与舞台下沿对齐，把红色矩形与红色线条中间的区域用直线描绘出来，设置填充色为白色，然后将描绘的边线删除，如图 6-41 所示。

（6）在"bj2"层上方新建"图层 3"，将"图层 3"重命名为"mc"，选中该层的第 1 帧，从"库"面板中把"gwx-mc"影片剪辑元件拖曳到舞台右上角，如图 6-42 所示。

图 6-41　设置"bj2"图层

图 6-42　拖入"gwx-mc"元件

（7）在"xian1"层上方新建"图层 4"，将"图层 4"重命名为"txt"，选中该层的第 1 帧，在底部红色矩形条中间使用"文本"工具输入文本"Flash 动画制作流程"，选中该文本，在"属性"面板上设置字体为幼圆，字号为 27，颜色为白色，粗体，如图 6-43 所示。

（8）在"txt"层上方新建"图层 5"，将"图层 5"重命名为"title"，选中该层的第 1 帧，使用"文本"工具输入文本"1.脚本"，选中该文本，在"属性"面板上设置字体为隶书，字号为 43，颜色为紫色（#9900ff），粗体，把输入的文本放置在舞台左上角，如图 6-44 所示。

图 6-43　输入文本

图 6-44　设置"title"图层

（9）在"title"层下方新建"图层 6"，将"图层 6"重命名为"content"，在该层的第 8 帧插入关键帧，选择"文本"工具，在"属性"面板中设置字体为隶书，字号为 28，颜色为黑色，在舞台中输入如下文字。

一般的动画公司都没有专属脚本作家，大部分是请自由身份作家（这些作家们有的是 SOHO 族，有的是和几位志同道合的作家成立工作室，如有名的 Studio Orphy）来写稿。

脚本的写作并不是一件简单的事。不同于小说的是所有的人物动作及感情都需要以旁观者的身份详细描述，例如，一个角色很生气，由于每一个人生气的方法不同，所以不仅要描述他如何生气也要非常详细地描述他的动作来说明角色的个性和特征（例如，太郎火冒三丈=太郎握紧了拳头，眼睛眯成一条线，额头的汗滴下，头上的火冒出三丈…）。脚本特殊的写作方式使得一位小说家有时并不能成为好的脚本作家，而好的脚本作家也不多见。

在制作课件时可以将文字中重要的部分用特殊颜色加以强调，本例中设置了蓝色和黄色，如图 6-45 所示。

（10）在"title"层和"content"层的第 9 帧同时插入关键帧，更改"title"层第 9 帧的文字为"2.导演的工作"，更改"content"层第 9 帧的文字如下，效果如图 6-46 所示。

导演是整个动画制作群的领队。目前出名的导演们成为导演的过程都不相同，有些是从电影业界转行，有些是从动画师做起，有些是脚本作家兼导演，也有些是一开始就从事导演工作。大致上来说动画初期时代的导演大部分是从制作管理参与动画制作多年后升格做导演或电影业转行开始的。但随着时代的迁移，目前大部分的动画导演都是由动画师开始做起的。做导演的魅力在于可以自己决定作品的方向，但是由于导演决定一切，工作繁忙且作品的成败大任取决于导演。因此，并不是每个参与动画制作的人最终目标是做导演，而有心想要成为导演的人不管从什么工作开始，只要有心，成为导演并不是困难的事。

图 6-45　强调文字

图 6-46　第 9 帧文字效果

（11）同理，制作后面的动画。"title"层第 10 帧的文字为"3.造型设计—人物"，"content"层第 10 帧的文字如下，效果如图 6-47 所示。

人物　动画制作是一个需要密切配合的团体活动。因此一部好作品要有好的脚本，经验丰富的导演，当然，具有魅力的人物造型是使作品更吸引人的重要因素。

图案人物的设计是设计师只有靠脚本及自己绘图的能力来凭空设计出能够衬托出作品故事魅力并令人印象深刻的人物。此外还要考虑到制作效率的问题而不能画出线条太复杂的人物。因此，就算资深的造型设计师也有可能花一段时间才能定稿。

一个人物的设计图分为三种，即服饰设计图、脸部表情设计图和局部装饰设计图。所有的设计通常分为正面、侧面、背面及特殊表情（生气、悲伤、微笑等），以便原画师仿真。

（12）"title"层第 11 帧的文字不变，"content"层第 11 帧的文字为"相声《卖布头》人物造型设计"，竖排文本，在文本的右侧插入"库"面板中的"zaoxing.jpg"图片，并调整图片的大小，效果如图 6-48 所示。

图 6-47　第 10 帧文字效果

图 6-48　第 11 帧文字效果

（13）"title"层第 12 帧的文字为"3.造型设计—背景"，"content"层第 12 帧的文字如下。

背景　背景设计师历史相当悠久，早从黑白卡通草创时代开始就有专业的背景设计师。背景设计师基本上要画得（又好、又快、又美）。

同时，在文字的下方插入"库"面板中的"beijing.jpg"图片，并调整图片的大小，效果如图 6-49 所示。

（14）"title"层第 13 帧的文字为"4.分镜图和副导的工作"，"content"层第 13 帧的文字如下，效果如图 6-50 所示。

分镜图简单地来说是（以图像呈现的脚本）。分镜图不需要很正确地将人物造型画出来，只要能让之后的工作人员看得懂就可以了。

常常可以见到分镜图师和副导为同一人物，理由很简单，因为图面的设计人（分镜图师）通常是最了解每一个镜头需要的效果和声优演技来衬托出作品魅力的人。所以，分镜图师大多兼副导的工作。

图 6-49　第 12 帧文字效果

图 6-50　第 13 帧文字效果

（15）"title"层第 14 帧的文字不变，"content"层第 14 帧的文字为"相声《卖布头》分镜图"，竖排文本，在文本的右侧插入"库"面板中的"fenjing.jpg"图片，并调整图片的大小，效果如图 6-51 所示。

（16）"title"层第 15 帧的文字为"5.抠图上色"，"content"层第 15 帧的文字如下。

所有的人物造型及背景设计完之后，导演及造型设计师们必须和色彩设计师共同敲定人物的色彩（头发，各场合衣服或机器人外壳的颜色等）。色彩设计师必须配合整篇作品的色调（背景及作品个性）来设计人物的颜色。色稿敲定之后由色彩指定人员来指定更详细的颜色种类，然后将线稿转为 Flash 稿，即所谓的抠图。

在文本的下面插入"库"面板中的"shangse.jpg"图片，并调整图片的大小，效果如图 6-52 所示。

图 6-51　第 14 帧文字效果

图 6-52　第 15 帧文字效果

（17）"title"层第 16 帧的文字为"6.动画制作"，"content"层第 16 帧的文字如下，效果如图 6-53 所示。

Flash 动画制作师根据分镜图来制作动画。一般情况下，首先根据分镜图来截取声音（声音已提前录制好），然后将声音导入到 Flash 中，由声音来确定动画的长度，再将分镜图中要表现的动作在 Flash 中表现出来。

（18）"title"层第 17 帧的文字为"7.合成输出"，"content"层第 17 帧的文字如下，效果如图 6-54 所示。

合成是将动画师制作的若干不同场景合为完整的一部 Flash 动画片。短片可以用 Flash 直接合成，特别长的 Flash 动画片可以用 Flash 脚本来合成。输出是指将 Flash 源文件导出为动画文件，可以在网络上播出，若要在电视上播出需要输出视频格式。

图 6-53　第 16 帧文字效果　　　　　　图 6-54　第 17 帧文字效果

四、制作结束动画

（1）返回场景 1 中，在"content"层的第 3 帧按【F7】键插入空白关键帧，从"库"面板中把"pic1.jpg"图片放入舞台中间，如图 6-55 所示。

（2）选中该图片，按【F8】键将其转换为影片剪辑元件，名称为"fd"，单击"确定"按钮，进入影片剪辑元件的编辑窗口，如图 6-56 所示。

图 6-55　拖入"pic1.jpg"图片　　　　图 6-56　"转换为元件"对话框

（3）将"图层 1"重命名为"pic"，在"pic"层上新建 3 个图层，将图层重新命名，从上到下依次为"fl"、"sun"、"xian"，如图 6-57 所示。

（4）仿照封面画面的布置方式，在"fl"层的第 1 帧把"fl"图形元件放入舞台中，在

"sun"层的第 1 帧把"sun"图形元件放入舞台中"fl"图形元件的下方，在"xian"层的第 1 帧绘制两条红色 5 像素的直线，且位于"pic1"的两端，如图 6-58 所示。

图 6-57　新建图层　　　　　　　　　　　　　　　图 6-58　编辑图层

（5）在"fl"层的第 10 帧按【F6】键插入关键帧，选中第 10 帧中的图形元件，在"属性"面板的"颜色"下拉列表中调整 Alpha 值为"0%"，使文字完全透明，在第 1~10 帧创建补间动画，如图 6-59 所示。

（6）在"sun"层的第 11、20 帧分别按【F6】键插入关键帧，选中第 20 帧中的图形元件，将其向下移动一段距离，同时，在"属性"面板的"颜色"下拉列表中调整 Alpha 值为"0%"，使太阳完全透明，在第 10~20 帧创建补间动画，如图 6-60 所示。

图 6-59　在"fl"层创建补间动画　　　　　　　　　图 6-60　在"sun"层创建补间动画

（7）在"xian"层的第 21、30 帧分别按【F6】键插入关键帧，单击第 30 帧中的上面一条线，将其向下移动至画面中间，同时，选中第 30 帧中的下面一条线，将其删除，在第 21~30 帧创建补间形状，如图 6-61 所示。

（8）在"pic"层的第 30 帧按【F5】键插入帧，同时，在其上面新建一个图层，并更改图层名称为"pic-z"，在该图层的第 20 帧按【F6】键插入关键帧，从"库"面板中把"pic1-z"图形元件放入舞台中，在第 30 帧按【F6】键插入关键帧，在"信息"面板中调整矩形的高为 1，在第 21~30 帧创建补间动画，然后在"pic-z"图层上单击鼠标右键，在弹出的快捷菜单中选择"遮罩层"选项，制作出图片随线条逐渐消失的动画，如图 6-62 所示。

图 6-61　在"xian"层创建补间形状　　　　　　　　图 6-62　编辑"pic"图层

任务四：脚本编写

一、主场景中控制时间轴停止的脚本

返回场景 1 中，在最上面新建一个图层，并将新图层命名为"action"，选中"action"层的第 1 帧，按【F9】键打开"动作"面板，添加如下代码，效果如图 6-63 所示。

```
stop();//让时间轴停止在第 1 帧
//用函数设置以后的每一帧均停止
this.onenterframe=function()
{
    this.stop();
}
```

图 6-63　"action"层第 1 帧添加的代码

二、隐形按钮的脚本

（1）在"action"层下新建一个图层，将新图层命名为"button"，从"库"面板中把"btn"隐形按钮拖放在该图层的第 1 帧上。选中"content"层第 1 帧的影片剪辑实例，在"属性"面板的"实例行为"下拉列表框中选择"图形"，交换帧数输入"35"，将影片剪辑实例转换为图形实例，如图 6-64 所示。

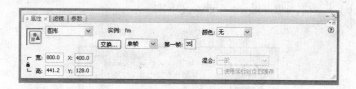

图 6-64　设置实例的属性

（2）选中"button"层第 1 帧的隐形按钮，将其放在"Flash 动画制作流程"文字上，再选中"content"层第 1 帧的影片剪辑实例，在"属性"面板的"实例行为"下拉列表框中选择"影片剪辑"，将其还原为影片剪辑实例，如图 6-65 所示。

（3）在"button"层的第 2 帧按【F6】键插入关键帧，同理，更改该帧隐形按钮的位置，将其放在底部标题文字上，如图 6-66 所示。

图 6-65　隐形按钮第 1 帧的设置

图 6-66　隐形按钮第 2 帧的设置

（4）单击选中"button"层第 1 帧的隐形按钮，为其添加如下脚本，使得单击此按钮，也就是标题文字时，可以跳转到第 2 帧，效果如图 6-67 所示。

```
on (release) {
    gotoAndStop(2);        //本句也可用 nextFrame();替换
}
```

图 6-67　隐形按钮第 1 帧的代码

（5）单击选中"button"层第 2 帧的隐形按钮，为其添加如下脚本，使得单击此按钮，也就是底部标题文字时，可以跳转到下一帧，效果如图 6-68 所示。

```
on (release) {
```

```
nextFrame();        //本句也可用 gotoAndStop(3);替换
}
```

图 6-68　隐形按钮第 2 帧的代码

三、"bj1"影片剪辑中控制时间轴停止的脚本

双击打开"bj1"影片剪辑，在所有层的上面新建一个图层，并将图层更名为"act"，在该图层的第 8 帧插入关键帧，为其添加如下代码，效果如图 6-69 所示。

```
stop();
this.onEnterFrame=function()
{
  stop();
}
```

图 6-69　"act"层第 8 帧添加的代码

四、向前向后翻页按钮脚本

（1）在"act"层下新建一个图层，将新图层命名为"btn"，在第 8 帧按【F6】键插入关键帧，从"库"面板中把"next"按钮拖放在底部红色矩形的右端，如图 6-70 所示。

（2）选中该按钮，按住【Alt】键拖曳，复制出一个新的按钮，执行"修改"→"变形"→"水平翻转"命令，将翻转后的按钮放到红色矩形条的左端，如图 6-71 所示。

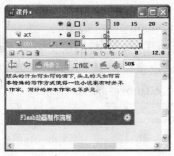

图 6-70　拖入 "next" 按钮　　　　　　　　　　图 6-71　复制并调整按钮

（3）选中第 8 帧右端向后翻页的按钮，为其添加如下脚本，保证单击该按钮时能够跳转到下一帧，效果如图 6-72 所示。

```
on (release) {
nextFrame();
}
```

图 6-72　第 8 帧中向后翻页按钮的代码

（4）在该图层的第 9 帧按【F6】键插入关键帧，选中该帧中左端向前翻页的按钮，为其添加如下脚本，保证单击该按钮时能够返回到前一帧（第 8 帧中向前翻页的按钮不添加脚本是为了保证在第一页单击向前翻页按钮时不可用），效果如图 6-73 所示。

```
on (release) {
prevFrame();
}
```

图 6-73　第 9 帧中向前翻页按钮的代码

五、添加关闭窗口脚本

双击打开"fd"影片剪辑，在所有层的上面新建一个图层，并将图层更名为"act"，在该图层的第 30 帧按【F6】键插入关键帧，为其添加退出窗口代码"fscommand（"quit"，true）"，退出窗口代码只有在播放动画时才能看到效果，如图 6-74 所示。

图 6-74　添加退出窗口代码

任务五：音效制作

（1）返回场景 1 中，在所有图层的上面新建一个图层，并将该图层命名为"sound"。执行"文件"→"导入"→"导入到舞台"命令或按【Ctrl+R】组合键，弹出"导入"对话框，选中"sucai"文件夹中的"music"声音文件，单击"打开"按钮，将声音文件导入舞台中，如图 6-75 所示。

图 6-75　"导入"对话框

（2）选中第 1 帧，在"属性"面板的"声音"下拉列表中选择刚导入的声音文件"music"，将同步声音设置为"开始"，声音模式设置为"循环"，在该图层的第 3 帧按【F5】键插入帧，如图 6-76 所示。

图 6-76　设置声音文件的属性

任务六：课件测试及发布

（1）执行"控制"→"测试影片"命令（或按【Ctrl+Enter 组合键】打开播放器窗口，即可观看动画，效果如图 6-77 所示。

图 6-77 测试影片

（2）执行"文件"→"导出"→"导出影片"命令，在"文件名"文本框中输入"课件"，"保存类型"选择"Flash 影片"，然后单击"保存"按钮。如果要保存为其他格式，则可在"保存类型"下拉列表中选择需要的文件格式，然后再单击"保存"按钮，效果如图 6-78 所示。

（3）执行"文件"→"发布设置"命令，在弹出的"发布设置"对话框中对文档进行设置，然后单击"发布"按钮，效果如图 6-79 所示。

图 6-78 "导出影片"对话框

图 6-79 "发布设置"对话框

拓展能力训练项目——"Flash 片头动画"课件

一、项目任务

设计 Flash 片头动画课件。

二、关键技术

- 素材的处理
- 补间动画的应用
- 按钮动画效果的实现
- 声音的播放控制
- 外部文本的控制和调用
- 用 AS 脚本控制按钮的翻页效果

三、参考效果

Flash 片头动画课件的参考效果如图 6-80 所示。

图 6-80　Flash 片头动画课件的参考效果

思维开发训练项目

一、项目任务

请同学们根据本节的实训内容，自选内容设计一个课件。

二、参考项目

- 演示型课件
- 自主学习型课件
- 模拟实验型课件
- 训练复习型课件（测试型）
- 教学游戏型课件
- 资料、工具型课件

三、设计要求

风格独特，镜头流畅，内容完整，画面精致，富有动感。

反侵权盗版声明

电子工业出版社依法对本作品享有专有出版权。任何未经权利人书面许可，复制、销售或通过信息网络传播本作品的行为；歪曲、篡改、剽窃本作品的行为，均违反《中华人民共和国著作权法》，其行为人应承担相应的民事责任和行政责任，构成犯罪的，将被依法追究刑事责任。

为了维护市场秩序，保护权利人的合法权益，我社将依法查处和打击侵权盗版的单位和个人。欢迎社会各界人士积极举报侵权盗版行为，本社将奖励举报有功人员，并保证举报人的信息不被泄露。

举报电话：（010）88254396；（010）88258888

传　　真：（010）88254397

E-mail：　dbqq@phei.com.cn

通信地址：北京市万寿路 173 信箱

　　　　　电子工业出版社总编办公室

邮　　编：100036